分布式发电与微电网

技术及应用

主　编　余建华

副主编　孟碧波　李瑞生

中国电力出版社
CHINA ELECTRIC POWER PRESS

内 容 提 要

本书围绕国内外分布式发电与微电网发展实际，由浅入深地阐述了分布式发电与微电网技术，并结合案例说明了分布式发电、微电网技术在实践中的应用。

本书共分两篇 8 章，主要介绍了分布式发电概述、典型分布式电源、储能设备、分布式电源并网技术、分布式电源应用实例、微电网概述、微电网技术、微电网应用实例。

本书可供从事电力营销、电网规划、配电网运维、分布式发电安装与维护的广大工程技术人员参考，也可供高校电力类专业相关人员借鉴学习。

图书在版编目（CIP）数据

分布式发电与微电网技术及应用 / 余建华主编. —北京：中国电力出版社，2018.5
（2019.9 重印）
ISBN 978-7-5198-1951-4

Ⅰ．①分…　Ⅱ．①余…　Ⅲ．①发电–研究②电网–研究　Ⅳ．①TM6②TM727

中国版本图书馆 CIP 数据核字（2018）第 076701 号

出版发行：中国电力出版社
地　　址：北京市东城区北京站西街 19 号（邮政编码 100005）
网　　址：http://www.cepp.sgcc.com.cn
责任编辑：翟巧珍（010-63412351）
责任校对：闫秀英
装帧设计：张俊霞
责任印制：石　雷

印　　刷：三河市万龙印装有限公司
版　　次：2018 年 5 月第一版
印　　次：2019 年 9 月北京第二次印刷
开　　本：710 毫米×1000 毫米　16 开本
印　　张：13.25
字　　数：202 千字
印　　数：3001—4500 册
定　　价：68.00 元

当前，全球范围的能源危机和环境污染问题日显突出，新能源的开发和利用，已经成为人们生活的一种迫切需要。分布式发电采用清洁可再生能源，投资小，可实现多种资源及地域间的互补，在提高供电可靠性和运行灵活性等方面具有显著优势，受到了人们的广泛关注。目前，将分布式发电与大电网有机结合、良好互补，成为新世纪电力工业和能源产业的重要发展方向，分布式发电也是全球能源互联网的一个有机组成部分。

分布式发电具有"自发自用、余电上网"，局部实现"有功功率的就地平衡"，从而可以减少电网总容量，改善电网的峰谷性能、提高供电可靠性，是大电网的有力补充和有效支撑。分布式发电成为电力系统重要的发展趋势之一。随着分布式发电渗透率不断增加，其本身存在的一些问题也显现出来，分布式电源单机接入控制困难、成本高：

一方面，分布式电源相对大电网来说是一个不可控源，因此大系统往往采取限制、隔离的方式来处置分布式电源，以期减小其对大电网的冲击。2001年，美国颁布了 IEEE—P1547/D08《关于分布式电源与电力系统互联的标准草案》，并通过了有关法令让部分分布式发电系统上网运行，其中对分布式能源的并网标准作了规定：当电力系统发生故障时，分布式电源必须马上退出运行，这极大限制了分布式能源效能的充分发挥。

另一方面，目前配电网所具有无源辐射状的运行结构以及能量流动的单向、单路径特征，使得分布式发电必须以负荷形式并入和运行，即发电量必须小于安装地用户负荷，导致分布式发电能力在结构上就受到极大限制。

随着新技术的应用，尤其是电力电子技术和现代控制理论的发展，在 21 世纪初，美国学者提出了微电网的概念，微电网技术开始在美国、欧洲和日本得到广泛的研究。微电网解决了分布式电源并网的问题，并且由于所采用的先进的电力电子技术是灵活可控的，因此微电网可以利用分布式电源对微电网的潮流流动进行有效调节。微电网作为对单一大电网的有益补充，其广泛应用的潜力巨大。目前，世界上一些主要发达国家和地区，如美国、欧盟、日本和加拿大等，都开展了对微电网的研究，并建设了一些实验示范工程；中国也高度重视对微电网的研究，并已建成了广东珠海市东澳岛兆瓦级智能微电网、浙江南麂岛微电网等微电网典型建设项目，实验示范工程是微电网相关技术及研究成果的集中验证和展示，对微电网的研究和应用均具有重要意义。

本书在编写过程中，得到了国网湖北省电力有限公司、许继电气股份有限公司、湖北东贝新能源有限公司等单位的大力支持，并参阅了相关书籍、文献及技术报告，在此，向相关单位和国网宜昌供电公司叶景清表示衷心的感谢！

由于编写时间仓促，加之很多新技术还在逐步成熟之中，书中难免存有疏漏和不足之处，恳请读者批评指正。

编　者

2018 年 3 月

前言

第一篇 分布式发电

第一篇

分布式发电

 # 分布式发电概述

当前，我国的电力系统多是以大机组、大电网、高电压为主要特征的集中式单一供电系统。然而，随着电网规模的日益扩大及经济发展需求，负荷对供电可靠性、电能质量要求越来越高。世界范围内的几次大面积停电事故已暴露出大规模集中供电方式存在的不足。与之同时，全球范围的能源危机和环境污染问题，也促使新能源的开发和利用成为一种迫切的需要。于是，为了弥补和完善大规模集中式电力系统运行难度大、环境污染严重等弊端，分布式发电（Distributed Generation，DG），因其投资小、多采用清洁可再生能源、可实现多种资源及地域间的互补并可提高供电可靠性和灵活性等优点，受到了人们的广泛关注。目前，将分布式发电与大电网有机结合、良好互补，已成为新世纪电力工业和能源产业的重要发展方向。

1.1 分布式发电概念及特征

到目前为止，国内外还没有分布式发电（DG）统一的、严格的定义。由于各国的政策不同以及理解差异，叫法也各不相同。一般而言，分布式发电是指发电功率在数千瓦至几十兆瓦的小型模块化、分散式、布置在用户附近的发电单元。Q/GDW 11147—2013《分布式电源接入配电网设计规范》中对分布式发电的定义如下：分布式发电（分布式电源 DG）指在用户所在场地或附近建设安装、运行方式以用户端自发自用为主、多余电量上网，且在配电网系统平衡调节为特征的发电设施或有电力输出的能量综合梯级利用多联供设施。其中对具体接入容量的规定分两类（不含小水电）：第一类为 10kV 及以下电压等级接入，且单个并网点总装机容量不超过 6MW 的发电项目；第二类为 35kV 电压等级接入，或 10kV 电压等级接入单个并网点总装机容量超过 6MW，且年自发自用电量大于 50%的发电项目。

与常规的集中式大电网供电相比，分布式发电系统具有如下特点：

（1）装机规模小。分布式发电系统单机容量和发电规模一般都不大，通常在 50MW 以下。因而无须建设大规模的发电厂、变电站和配电站，其建设工期短、占地面积小、初始投资少。不过，分布式发电系统往往缺乏规模性效益，单位容量的造价要比集中式大机组发电高出很多。

（2）靠近用户，就地利用。分布式发电系统通常靠近电力用户侧安装，直接接入中低压配电网络，就近向负荷供电。故不需要长距离的输电线路，减少了输配电损耗，也无须为此占用大量的土地和空间建设输电走廊，建设也简单廉价。其产生的电磁辐射也远远低于常规的集中发电方式。

（3）发电类型主要为可再生能源发电、资源综合利用发电等。分布式发电系统多采用清洁可再生能源，如风能、太阳能、生物质能、地热能等。相比于化石能源，可有效减少二氧化碳排放量，供电同时实现环保效益。另外这些能源因其能量密度较低且分散，常规的集中供电方式难以利用。分布式发电方式为可再生能源利用开辟了新方向。另外，分布式发电可以结合冷热电联产，因地制宜利用余热、余压以及可燃性废弃气体发电，或将发电的废热回收用于供热和制冷，通过不同循环的有机整合，满足用户多种需求的同时，实现能源的综合梯级利用，节能效应良好，其能源利用率可达到80%以上。

（4）运行灵活，可满足特殊场合的需求。对于一些偏远的农牧地区、山区或岛屿，要形成一定规模、强大的集中式供配电网需要巨额的投资和较长的时间周期。这些地区可采用分布式发电独立工作方式为用户供电，解决缺电问题。对于重要负荷，可采用分布式发电与大电网联合供电方式，在电网崩溃和意外灾害（如暴风雪、地震、战争、人为破坏）情况下，维持重要用户的供电，大大提高供电可靠性。另外，对于电力高峰期，还可通过分布式发电提供一部分电力，减轻电网供电压力。此外分布式发电系统还可以减少或缓解大型发电厂和电网的建设及改造，节约经济投资。

1.2 分布式发电种类

分布式发电系统利用各种可用的资源进行小规模分散式发电，其分类方式有多种。从使用的能源角度分类，主要可分为利用可再生能源、燃用化石能源和燃用二次能源及垃圾燃料等。其中，利用的可再生能源主要有风能、太阳能、生物质、水能、海洋能、地热能等；燃用的化石能源有天然气、甲烷、汽油、柴油等，其燃烧动力装置有微型燃气轮机、燃气轮机、内燃机、常规的柴油发电机、燃料电池等；燃用的二次能源如氢能。从用户需求分类，可分为单纯供电方式、热电联产和热电冷三联产等方式。表 1.2-1 罗列了常见的分布式发电技术类型。

表 1.2-1　　　　　　　　　　常见的分布式发电技术类型

发电形式	一次能源	输出方式	与系统的接口
风力发电	可再生能源	AC	变流器
水力发电	可再生能源	AC	直接连接
光伏发电	可再生能源	DC	逆变器
微型燃气轮机	化石燃料	AC	直接连接
生物质能发电	可再生能源或废弃物	AC	直接连接
燃料电池	化石燃料	DC	逆变器
太阳能热发电	可再生能源	AC	直接连接

1.2.1　风力发电

风力发电资源分布广泛，技术成熟，是近年来发展最迅速、应用最广泛的发电技术。风吹动叶轮，风力机转动，通过传动轴带动发电机发出电能。风力发电一般采用异步发电机，但也可采用同步发电机。对于风力发电系统，输出的有功功率由风速决定，会随风速的变化而变化，发电机吸收的无功功率也会变化。为使输出功率稳定，风力发电系统可采用定桨距失速控制或变桨距控制，使风机可在较宽的风速范围内输出稳定的功率。目前，在各种可再生能源发电中，风电的成本最低，在不远的将来即可与常规能源发电相竞争。

1.2.2　太阳能发电

太阳能发电技术主要包括两大类型，即太阳能热发电和太阳能光伏发电。太阳能热发电技术是指利用大规模镜面收集太阳光辐射出的热能，通过换热装置提供蒸汽，结合传统汽轮发电机工艺，从而达到发电的目的，主要适用于集中式发电。太阳能光伏发电技术的能量转换器件则是太阳能电池,又叫光伏电池,由半导体材料构成。太阳能电池通过半导体的光生伏特效应直接将光能转化为电能。光伏发电基本不受地域限制,建设规模和场地选择灵活,安装便捷、维护简单、绿色环保。不过,其能量密度较低,受气象条件的影响较大,初期建设成本较高。近年来,太阳能光伏发电技术发展极其迅速,其应用也非常广泛,上至航天器下至家用电源,大到兆瓦级电站小到玩具,光伏电源无处不在。

1.2.3　微型燃气轮机发电

微型燃气轮机发电系统主要由微型燃气轮机、发电机和数字电力控制器等部分组成,以汽油、柴油、天然气、甲烷等为燃料。其中微型燃气轮机中设置了回热循环,使其能源利用效率大大提高。该系统具有质量轻、体积小、多燃料、低噪声、低油耗、污染少、高可靠、长寿命等一系列优点,是目前应用较为广泛的一种分布式电源。

1.2.4　生物质能发电

生物质能是太阳能的一种表现形式,其直接或间接来源于绿色植物的光合作用。生物质能发电利用生物质所具有的生物质能进行发电,主要以农业、林业和工业废弃物、垃圾为原料,如薪材、农林作物、生活垃圾污水等,将其转化为可驱动发电机的能量形式,如燃气、燃油、酒精等,再按照通用的发电技术发电。其发电形式主要有农林废弃物直接燃烧发电、农林废弃物气化发电、沼气发电、垃圾焚烧发电、垃圾填埋气化发电等。由于生物质能的分布广泛、总量丰富、取之不尽、用之不竭,并且可变废为宝,故近几年生物质能发电在国内外受到了广泛的关注,其推广应用也比较成功。

1.2.5　燃料电池

燃料电池并不需要燃烧,而是一种将化学能转化为直流电能的电化学装置,可直接将燃料(天然气、煤气、石油等)中的氢气借助电解质与空气中的氧气发生化学反应。其中氢气释放电子携带正电荷,氧气从氢气中获得电子携带负电荷，两者结合成为中性的水。电子的转移，加到外部连接的负载上，实现对负载供电。其过程简单，效率高、无噪声且清洁环保。目前，燃料电池的成本还比较高，暂时尚未广泛地商业化应用。

1.2.6 海洋能发电

海洋能指依附在海水中的可再生能源，主要有潮汐能、波浪能、海流能、海水温差能、海水盐差能等多种能源形态，均可用于发电。海洋能分布广泛、蕴藏丰富、清洁无污染，但能量密度低、地域性强，因而开发困难并有一定的局限。整体而言，海洋能发电仍处于发展的初级阶段，目前已经实用化的主要有潮汐发电和小型波浪发电技术。其中潮汐发电技术较成熟、应用规模也比较大。波浪能发电则是将海面波浪上下运动的动能转化为电能，规模较小，技术有待提高。

1.2.7 地热发电

地热发电是利用地下热水和蒸汽为动力源的一种新型发电技术。其原理与火力发电类似，首先把地热能转换为机械能，再把机械能转换为电能，只是不需要燃料和锅炉。相对于太阳能和风能的波动性，地热能发电的输出功率更加稳定可靠。相比于水电、火电、核电，其建设投资少、运行成本低、设备的利用时间长且可大大减少环境污染。

1.2.8 小型水力发电

小型水力发电是指小的水电站及与其相配套的小电网。从形式上分小型水力发电有引水式、堤坝式、混合式和抽水蓄能式四种基本形式。

不同种类的分布式电源，由于发电原理不同，设备差异较大，各自具备独特的技术特征。第 2 章将对主要风电和光伏发电进行介绍。通常在实际应用中，基于系统稳定性和用电需求，分布式发电系统中还需要加入一些储能装置，如蓄电池储能、抽水储能、超级电容储能、超导磁储能、飞轮储能以及压缩空气储能等，存储一定数量的电能，以应对突发事件或负荷变化。具体技术将在本书第 3 章展开讨论。

1.3 分布式发电现状

在能源危机与环境恶化的双重压力下,分布式发电作为传统供电方式的一种补充,逐渐得到广泛应用并扮演着越来越重要的角色。

1.3.1 国外分布式发电研究现状

美国是世界上最早研究分布式发电的国家之一,自 20 世纪 70 年代以来,从小型热电联产系统到如今广泛使用的冷、热、电三联供系统,分布式发电得到了快速的发展。美国为推动分布式发电的发展,制定了很多成效显著的政策。1978 年,美国颁布了《公用设备管理政策法案》以及相关的税收优惠政策,促进了热电联产的快速发展,提高了能源利用效率。2001 年,美国颁布了《关于分布式电源与电力系统互联的标准草案》,正式允许分布式电源并网运行,用户可以向大电网出售多余电力;2007~2009 年期间,美国又颁布了一系列的新能源政策,大力发展可再生能源。2008 年,美国的风电装机容量达到世界第一。综合而言,美国的分布式发电主要经历了三个不同的发展阶段,即从独立、小型的热电联产到可以并网售电的分布式发电系统,再到与可再生能源相结合的分布式电源系统。

美国油气资源丰富,管道分布广泛,分布式发电项目主要以天然气热电联产为主。截至 2016 年,美国已建设了超过 6000 座分布式能源站,分布式电源市场高达 10 多亿美元。计划到 2020 年,其分布式发电装机总量达到 1.87 亿 kW,占总装机量的 29%。由于美国电力行业发生过几次较大的停电事故,因此美国分布式电源的发展特别注重供电的安全可靠性。

日本是高度发达的工业化国家,其能源需求量很大。同时,日本又是资源极其匮乏的国家,本国能源供应严重不足,发电所需要的能源主要依赖于进口。因此日本非常重视可再生资源的开发,很早就开始利用以太阳能、风能为代表的可再生能源,大力推广太阳能光伏发电、风力发电技术等。同时,日本也特别注重提高能源利用效率,颁布了一系列相关政策。1974 年,日本出台了居民屋顶光伏发电系统补贴政策;1986 年,日本发布了《并网技术要求指导方针》，为分布式电源的并网提供了依据；1995 年，日本修订了《电力法》和《并网技术要求指导方针》，允许分布式电源业主将多余的电力卖给供电公司，并享受政府的补贴、融资等优惠政策；2005～2008 年，日本又制订了京都议定书目标计划，确立热电联产的有效作用，将分布式热电联产确定为能源高度利用技术革新，并在医院、宾馆、钢铁、石油化工等领域大力推广；2010 年，日本提出建设低碳社会方针，出台促进天然气热电联产系统引进的规划。2011 年，东京发生大地震后，更加注重分布式电源的发展。这些政策均极大地促进了日本分布式发电的发展。截至 2015 年，日本的分布式能源发电量占比已达到 14%。

欧洲电力的发展与美国、日本有所不同，在发展电力时更强调电力系统对环境的影响。近年来，欧洲发电装机量的增加主要依靠新能源或可再生能源，其能源发展的最终目标是分布式发电而不是大规模的集中式发电。德国是全球分布式发电装机容量最多的国家，已经超过 4000 万 kW，其光伏电站 90%通过分布式系统建立起来。德国充分利用居民和公用设施的屋顶建立分布式系统，风电也多是分布式形式。分布式系统成为德国近年来发展可再生能源的主要方式。德国分布式能源装机量占总装机量的 20%。丹麦是分布式发电技术最为成熟的国家之一，1990 年以来，丹麦的大型发电厂装机容量几乎没有增加，新增的装机容量主要是安装在用户侧或是区域化的分布式能源电站和可再生能源电站。截至目前，丹麦分布式装机量超过全国总装机量的 53%。丹麦的分布式电站一般只为本地负荷供电，将太阳能光伏电池板或小型燃气轮机安装在能源消耗地区，用来补充或取代大电网集中式供电。丹麦政府为鼓励发展分布式发电制定了一系列有效的法律、政策，先后制定了《供热法》《电力供应法》《全国天然气供应法》等，明确制定了支持分布式发电的相关法律法规。荷兰政府大力扶持分布式发电的发展，启动了热电联产激励计划，重点鼓励热电联产形式的分布式发电。荷兰的大部分分布式发电项目都是与工业企业联合投资建设的，这一特点也使得分布式发电在荷兰得到快速发展。荷兰政府规定，其热电联产分布式发电可连接到电网，电力部门必须接受此类项目的电力。英国的分布式发电主要着眼于环境保护和温室气体减排，发展分布式发电是英国调整治理国内碳排放的重点途径之一。英国政府制定了相关政策，降低分布式电能入网费用，鼓励家庭用户建设拥有小型的分布式发电设备，在供给家庭自发自用的同时，将剩余电能馈送给电网。

目前，全球范围内太阳能光伏发电技术和风力发电技术等已经较为成熟。有资料表明，太阳能电池的总产量正以每年 30%～40%的速度持续增长，风力发电总装机容量正以 30%以上的年平均增长率增加。在世界范围对未来电力市场的预测表明，世界市场预期的分布式发电容量将会达到每年 20GW，新增分布式电源总容量将会占新增电源总容量的 20%，到 2050 年，一些发达国家利用新能源发电可能占到本国电力市场的 30%～50%。

1.3.2 国内分布式发电研究现状

近年来，随着分布式能源的政策颁布力度不断加大、分布式能源的重要性不断被认识、新的分布式能源项目和能源公司不断投入市场，我国分布式能源得以快速发展。

2006 年 1 月 1 日，《中华人民共和国可再生能源法》正式生效。2007 年 9月，国家发展改革委制订了可再生能源发展战略，对分布式发电尤其是基于可再生能源的分布式发电做出了长远规划。2012 年，国家能源局发布的《国家能源科技"十二五"规划》将分布式能源技术列为四个重点领域技术之一，确定了包含大型风力发电技术、高效大规模太阳能发电技术、大规模多能源互补发电技术、生物质能的高效利用技术在内的能源应用技术和工程示范重大项目。2013 年，国家发展改革委颁布的《分布式发电管理暂行办法》对分布式发电做了明确的定义。同年，国家电网公司也发布了《关于做好分布式电源并网服务工作的意见》，对所允许并网的分布式能源提出了界定标准，并承诺为分布式能源项目接入电网提供诸多便利。其后，国家电网公司又先后出台了多项规范，如《分布式电源接入系统典型设计》《分布式电源调度运行管理规范》和《接入分布式电源的配电网继电保护和安全自动装置技术规范》等多项服务规范。各地市的诸多配套措施如电价补贴方案等也都相应颁布并落到实处。2015 年，新电改政策与能源互联网的提出等各项利好消息又相继颁布，分布式发电迎来了高速发展的重要时刻。新电改明确提出发展分布式能源，并指出开放电网公平接入，建立分布式电源发展新机制。同时，新电改政策还指出，允许使用分布式电源的用户或微网系统参与电力交易，这一举措将大大提升普通用户参与分布式发电项目的积极性，为分布式能源的发展添砖加瓦。这些政策规范的发布突破了分布式电源实际运营过程中面临的诸多困难，真正实现了分布式电源的合法化和有序化，对推广分布式发电具有开创意义。政策放开后，全国各地先后多家个人及企业自发电用户提交申请并成功并网，成为分布式电源发展历程中的一个重要转折点。国家科技部也通过 973 计划项目与 863 计划项目，对分布式发电技术的相关基础研究和示范工程给予了极大的支持。这些均为分布式电源的发展扫清了障碍，预计分布式发电将迅速步入成熟阶段。据统计，2015年，我国的可再生能源消费增长 20%，其中太阳能增长 69.7%，风能增长 15.8%，天然气增长 4.7%。计划到 2020 年，分布式能源发电总装机容量将达到 1.3 亿 kW。

1.4 分布式发电发展趋势

根据法维翰咨询公司（Navigant Research）的研究报告显示，2015 年，全球新增分布式装机容量约为 136GW，报告中指出，随着电力基础设施的不断完善与电力需求量的迅速增长，预计到 2024 年，全球新增分布式能源装机容量将突破 530GW。随着各国政府对分布式发电的大力支持以及分布式发电成本的不断下降，未来十年，分布式发电的发展必将迎来又一轮高峰。

从总体上看，分布式发电具有以下 3 个发展趋势：

（1）分布式电源的即插即用。通过完善分布式发电并网接口及其控制技术，研究分布式发电及含分布式发电的配电系统的保护与控制措施，实现分布式电源的即插即用。

（2）分布式发电组成微网的形式接入配电系统。尽管分布式发电有许多优点，但本身也存在如单机接入成本高、控制困难等一些问题。另外，分布式电源相对大电网来说是一个不可控因素，因此大系统往往采取限制的方式来处理分布式电源，以期减小其对大电网的冲击。微电网和分布式电源系列标准 IEEE 1547 对分布式发电的入网标准做了规定：当电力系统发生故障时，分布式电源必须马上退出运行。这就大大限制了分布式能源效能的充分发挥。为协调大电网与分布式发电间的矛盾，充分挖掘分布式发电为电网和用户所带来的价值和效益。本世纪初，学者们提出了微网的概念。微网实际上是一个小电网，而分布式发电是微网的基础，微网将分布式电源与配电网连接起来起到"桥梁"的作用，解决分布式能源并网难的问题。将分布式电源以微网的形式接入到大电网并网运行，与大电网互为支撑，是发挥分布式发电系统效益的有效途径。

（3）分布式发电与智能电网相结合。新能源与分布式发电是建设全球能源互联网的一个重要组成部分，顺应全球资源与环境约束的大趋势，绝非仅仅为了改变能源结构，而是社会生产方式与生活方式的重大变革，也是能源利用方式的根本性突破。对于电网而言，并非只对传统发电方式进行修补升级就能适应上述变化，必须对电力系统的运行方式进行重大变革。而智能电网正是实现这场变革的主要技术支撑和网络平台，它将与分布式发电、新能源及超导电力技术一起，共同构建未来的新型电力体系。分布式发电与大电网供电相补充、协调，综合利用现有资源和设备，不仅可以提高电力系统的效率，而且可以为用户提供更普遍、更高效、更高质量的电力服务，更好地促进经济和社会发展。

分布式发电技术是集中式供电系统之外的重要补充，将成为我国未来能源供应的一个重要发展方向。随着分布式发电技术的逐渐成熟与完善，以及分布式发电成本的不断下降，分布式发电系统的应用市场也将迅速扩大，它将成为21世纪电力行业发展的主要方向。可以展望，分布式发电系统将在集中式供电系统之外给用户带来一个更可靠、更环保、更经济的新电力系统。

2 典型分布式电源

2.1 风 力 发 电

风能是由大气运动而形成的一种能源形式，其能量来源于大气所吸收的太阳能。太阳辐射到地球的能量中大约 20%转变成为风能。初步探明我国 10m 低空范围内的陆上风能资源约为 2.53 亿 kW，近海风能约为 7.5 亿 kW，总计约 10亿 kW。如扩展到 50～60m 以上高度，风能资源将至少增加 1 倍。风能资源主要分布在东南沿海及附近岛屿、新疆、甘肃走廊、内蒙古、东北、西北、华北以及青藏高原等部分地区，每年风速在 3m/s（依据当前的风机技术，风速达到3m/s，即可进行发电）以上的时间近 4000h 左右，一些地区年平均风速可达 6～7m/s 以上，具有很大的开发利用价值。

风力发电机组是一种将风能转化为电能的能量转换装置，主要包括风力机和发电机两大部件。流动的空气作用在风力机风轮上，推动风轮转动，将空气动能转化为风轮旋转机械能。风轮的轮毂与风力机轴固定，通过传动机构驱动发电机轴及转子转动。发电机将机械能转化为电能输送给电力系统或负荷使用。图 2.1-1 所示为风力发电工作过程。

图 2.1-1 风力发电工作过程

2.1.1 风力发电机分类

根据风力机和发电机两大部分所采用的不同结构以及技术方案，可将风力发电机从多个角度进行分类。

2.1.1.1 风力发电运行方式

从风力发电的运行方式分类，可分为独立运行方式和并网运行方式。独立运行的风力发电机组，不与电网相连，结构比较简单，单独向家庭或村落供电。多用于边远农村、牧区和海岛等不方便联网供电地区，还可与柴油发电机、光伏发电等联合运行，为居民提供生活和生产所需用电。早期的小容量风力发电设备一般采用小型直流发电机，经蓄电池储能装置向电阻性负荷（如照明灯）供电。目前多采用交流发电机，输出电能经整流器后，通过控制器向蓄电池充电同时带动直流负荷，如图 2.1-2 所示。如为交流负荷供电，则需在控制器后增加逆变器，如图 2.1-3 所示。

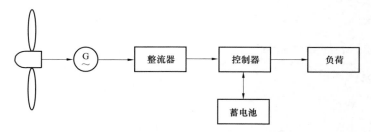

图 2.1-2　带直流负荷的独立型风力发电系统

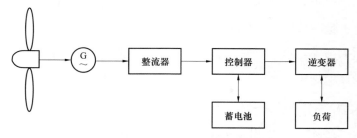

图 2.1-3　带交流负荷的独立型风力发电系统

并网运行方式即风力发电机组与电网相连，向电网输送电能，使电网上的用户能够享受到绿色能源，多用于大中型风力发电系统中。

2.1.1.2 主轴与地面的相对位置

按照风力机旋转主轴与地面的相对位置分类，可分为水平轴风力发电机和垂直轴风力发电机。水平轴风力发电机组是目前国内外广泛采用的一种型式，风轮的旋转轴与地面平行，如图 2.1-4 所示。其主要优点是风轮可以架设到离地面较高的地方，减少了地面扰动对风轮动态特性的影响，且随着高度的增加，发电量增高。其缺点则是翼型设计及风轮制造较为复杂，且主要机械部件在高空中安装，拆卸大型部件时不方便。

根据风轮与塔架的相对位置，水平轴风力发电机组还可分为上风向和下风向两种机型。上风向机组风轮在塔架的前面迎风旋转，该种机型需要主动调向机构以保证风轮时对准风向。下风向机组的风轮安装在塔架后方，风先经过塔架再到风轮。下风向机组能够自动对准风向，免去了调向装置。但由于部分空气通过塔架再吹向风轮，塔架干扰了吹向叶片的气流，形成所谓的塔影效应，影响风力机的出力，使其性能降低。故当前大多数风力发电机都是水平轴上风向型。

垂直轴风力发电机组的风轮旋转轴垂直于地面或气流方向，如图 2.1-5 所示，其主要优点在于可以吸收来自任意方向的风。在风向改变时，无需对风，故不需调向机构，使结构设计简化。其齿轮箱和发电机可以安装在地面，维护方便。

图 2.1-4　水平轴风力发电机组　　　图 2.1-5　垂直轴风力发电机组

2.1.1.3　叶片数量

按风力机风轮叶片的数量，分为少叶片和多叶片式。一般叶片数少于或等于 4 片的，称为少叶片风力机。少叶片风力机是当前风力发电机组的主流机型。其转速高，风力机轻便，结构紧凑，风速较高时风能利用系数高，故多用在年平均风速较高的地区。目前常用的水平轴风力机多为 3 叶片。多叶片风力机一般有 5～24 个叶片，其特点是具有较大的启动力矩及较低的启动风速，风速较低时风力机有较高的风能利用系数，故多用于年平均风速低于 3～4m/s 的地区，适合直接驱动农牧业机械设备，如风车取水。图 2.1-6 所示为不同叶片的风力机。

图 2.1-6　不同叶片的风力机

2.1.1.4　叶片工作原理

按照叶片的工作原理，风力发电机组可分为升力型和阻力型风力机。利用风力机叶片翼型的升力实现风力机工作的，称为升力型风力机，其叶轮所受作

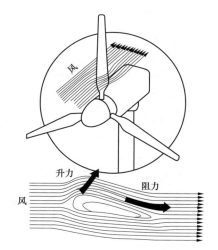

图 2.1-7　叶片翼型产生升力和阻力示意图

用力在叶片上与相对风速垂直；利用空气动力的阻力实现风力机工作的，称为阻力型风力机。图 2.1-7 所示为风力机叶片翼型产生升力和阻力示意图。

对于水平轴风力机，采用升力型叶片时，旋转速度快，采用阻力型叶片旋转速度慢。对于垂直轴风力机，也可分为升力型和阻力型。升力型垂直轴风力机的风轮转矩由叶片的升力提供，如达里厄式（俗称打蛋机）风机。阻力型的风轮转矩则是由两边物体阻力不同形成。如采用平板和杯子做成的风轮，都属于阻力型风机。另有 S 型风机，具有部分升力，主要依靠阻力旋转。三种风机类型如图 2.1-8 所示。由于阻力型风机的气动力效率远小于升力型，且对于给定的风力机质量和成本，升力型风机具有较高的功率输出。故升力型风机是当前风力发电机的主流。

(a)　　　　　　　　　　　(b)　　　　　　　　　　　(c)

图 2.1-8　风机类型

（a）达里厄式风机；（b）阻力型风机；（c）S 型风机

2.1.1.5　风力发电机容量

按照风力发电机的输出容量分类，国际上通常将风力机组分成小型（100kW 以下）、中型（100～1000kW）和大型（1000kW 以上）三种。我国则分为微型（1kW 以下）、小型（1～10kW）、中型（10～100kW）和大型（100kW 以上）四种，也有将 1000kW 以上的称为巨型风力发电机。

2.1.1.6　功率调节方式

按照功率调节方式，可分为定桨距型和变桨距型。定桨距失速型风力机桨叶与轮毂固定连接。当风速改变时，桨叶节距角不能随之变化。依靠桨叶翼型或叶尖处的扰流器动作，限制输出转矩和功率。其结构简单、性能可靠、造价低、维护少，但叶片结构较复杂、成型工艺难度大。在高风速时，变桨距型可通过改变桨距角限制输出转矩和功率。其功率输出平稳、风能利用系数高，但轮毂结构复杂，制造、维护成本高，可靠性较差。

2.1.1.7　风轮转速

按照风轮的转速，可将风力发电机分为定速型和变速型。定速型风轮转速恒定，风能利用率低。变速型又有连续变速型和双速型。连续变速型风轮转速连续可调，效率最高。双速型可在两个设定的转速下运行，分别适应低风速和高风速运行，改善风能利用率。

2.1.1.8 其他分类

根据有无齿轮箱，可分为直驱型和升速型。直驱型直接将低速风力机和低速发电机相连。升速型利用齿轮箱将低速风力机与高速发电机连接。

根据发电机类型，可分为异步发电机型和同步发电机型。只要选用合适的变流装置，都可以应用于变速运行风力发电系统中。

根据输出端电压高低，可分为高压风力发电机和低压风力发电机。分布式发电系统中主要采用低压风力发电机。

2.1.2 风力发电机组的构成

风力发电机组的种类虽然较多，但其基本原理和结构大同小异。鉴于目前水平轴风力发电机应用最为广泛、技术也最成熟，本书主要针对水平轴风力发电机组的结构做详细介绍。水平轴风力发电机组主要包括风轮（包括叶片和轮毂）、偏航系统（包括风向传感器、偏航驱动装置、偏航轴承、偏航液压回路、偏航计数器、扭缆保护装置、偏航制动器）、传动机构（包括低速轴、齿轮箱、联轴器、高速轴以及刹车机构）、调速装置、发电系统、塔架等，如图 2.1-9 所示。

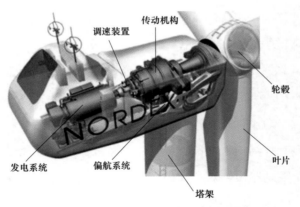

图 2.1-9　风力发电机组结构

2.1.2.1 风轮

风轮也叫叶轮，是风力发电机组的核心部件，其费用约为总造价的 20%～30%，且至少具有 20 年设计寿命。风轮主要由叶片和轮毂组成，叶片装在轮毂上，将风能转化成旋转的机械能。风轮的几何参数主要有叶片数、风轮直径、风轮中心高度和风轮仰角，如图 2.1-10 所示。

图 2.1-10　风轮参数

　　一般而言，叶片数越多，风能利用系数越大，风力机输出扭矩越大，风力机启动风速越低，但其轮毂设计越复杂、制造成本越大。由于三叶片风轮能够提供最佳效率，受力更平衡，轮毂设计也可简单些，而且较为美观，故现代风力发电机组多选用三叶片风轮。

　　风轮直径是指风轮在旋转平面上投影圆的直径。风轮功率的大小取决于风轮直径。通常直径越大，扫风面积越大，风轮功率越大。风轮中心高度是指风轮旋转中心到基础平面的垂直距离。理论上讲，风轮中心高度越高，风速越大，但塔架相应增高，塔架成本及安装难度越大。风轮仰角指风轮的旋转轴线和水平面的夹角，其作用是避免叶尖与塔架的碰撞。

　　（1）叶片。叶片是接受风能的主要部件，其材料必须强度高、质量轻，且在恶劣环境下物理、化学性能稳定。实践中，叶片的制作材料有木材、铝合金、不锈钢、玻璃纤维树脂基复合材料（玻璃钢）、碳纤维树脂基复合材料等。

　　叶片如图 2.1-11 所示。对于叶片，在设计阶段还应充分考虑雷击保护。叶片是风力发电机组中最容易遭受直接雷击的部件。故需可靠地将雷电从轮毂上引导下来，以避免叶片因雷击而损坏。

　　（2）轮毂。轮毂是叶片的根部与主轴的连接件，如图 2.1-12 所示。它承受了风力作用在叶片上的推力、弯矩、扭矩以及陀螺力矩，再将风轮的力传递到后级传动机构或是塔架上。通常轮毂的形状为三叉形或球形。

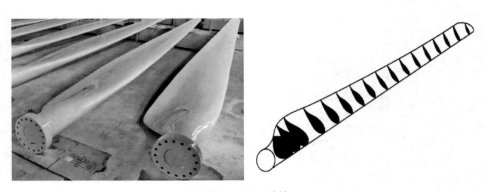

图 2.1-11 叶片

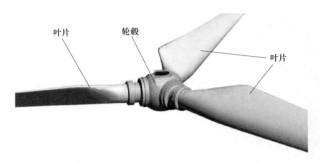

图 2.1-12 轮毂

2.1.2.2 传动机构

　　风轮产生的机械能由机舱内的传动机构传递给发电机。传动机构一般包括低速轴、齿轮箱、联轴器、高速轴以及刹车机构（可在紧急情况下使风力机停止运行）等，如图 2.1-13 所示。由于风轮的转速很低，需通过齿轮箱将风轮转速从 20～50r/min 增速至 1000～1500r/min，以达到驱动大多数发电机所需的转速，故齿轮箱也称增速箱。图 2.1-14 所示为齿轮箱结构。刹车机构由安装在低速轴或高速轴上的刹车圆盘和布置在四周的液压夹钳构成。为监视刹车机构的内部状态，刹车夹钳内装有温度传感器及指示刹车片厚度的传感器。

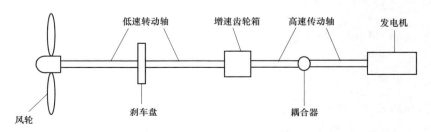

图 2.1-13 传动机构

2.1.2.3 偏航系统

偏航系统也称对风装置或调向装置，是上风向水平轴风力发电机组不可缺少的组成系统之一，其可使风轮自然对准风向。偏航系统一般分为主动偏航与被动偏航系统。被动偏航是指依靠风力通过相关机构自动完成风轮对风动作，常见的有尾舵、侧风轮两种，主要用于小型风力机。图 2.1–15 所示为尾舵

图 2.1–14　齿轮箱

结构。主动偏航系统是指采用电力或液压拖动风向跟踪来完成对风动作，通常应用于大型的风力发电机组中。图 2.1–16 所示为液压偏航系统结构。偏航系统一般由风向传感器、偏航驱动装置、偏航轴承、偏航液压回路、偏航计数器、扭缆保护装置、偏航制动器等组成。

图 2.1–15　尾舵

图 2.1–16　液压偏航系统

2.1.2.4 调速装置

由于风速的随机性较大，风轮叶片随风速的变化转速也相应改变，进而影响风力发电机组的输出功率、电压频率等。为使输出保持在一定范围内，故需要调速装置。同时，当风速高于额定风速时，为防止风力发电机组的叶片及其他机械部件损坏，需对风轮进行控制，也需调速装置。

2.1.2.5 塔架

塔架不仅要承载风力发电机组的重量，还要承受吹向风力机和塔架的风压以及风力机运行过程中的动载荷。通常塔架要有一定的高度，约为风轮直径的

1～1.5 倍。

塔架内敷设发电机电力电缆、控制信号电缆等，塔架内分若干层，层间有直梯便于上下，塔底设塔门，如图 2.1–17 所示。

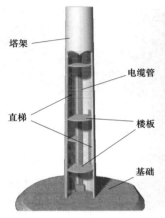

图 2.1–17　塔架

2.1.2.6　发电系统

发电机及其控制系统是将风能最终转化为电能的重要设备，主要分为直流发电机和交流发电机。交流发电机又分为同步发电机和异步发电机。直流发电机以前常用在微小型风力发电机中，一般直流电压为 12、24V 或 36V 等。但由于其结构复杂、维护量大，逐渐被交流发电机取代，目前普遍应用的是交流电机。由于风力发电机组与电网并联运行时，风电频率必须与电网频率保持一致，即输出频率恒定，因此可将风力发电系统分为恒速恒频发电系统（CSCF）和变速恒频发电系统（VSCF）。

（1）恒速恒频发电系统。恒速恒频发电系统是指风力发电过程中保持发电机的转速不变，以此输出和电网频率一致的恒频电能。其系统一般较简单，所采用的发电机主要有同步发电机和鼠笼型异步发电机两种。同步发电机以同步转速运行，$n=60f/p$（f 为频率，p 为磁极对数）。运行时既可输出有功功率，也可输出无功功率，但结构以及控制系统比较复杂，成本相对异步发电机较高。

恒速恒频系统中，一般采用鼠笼型异步发电机，运行时以稍高于同步转速的转速运行。它的定子铁芯和定子绕组的结构与同步发电机相同，转子采用笼型结构，无须外加励磁，没有滑环和电刷，因而结构简单、坚固，基本无须维护。

（2）变速恒频发电系统。变速恒频发电系统中发电机的转速可随风变化，在很宽的风速范围内使其风能利用系统最大化，再通过其他控制方式获得恒频电能。其获取的风能比恒速恒频系统高得多，该系统可分不连续变速和连续变速系统两大类。

不连续变速发电系统也称双速异步发电系统，其风轮并不随风速的变化连续变化，而是当风速变化达到一定值时，转速才发生改变。可采用两台不同转速的发电机或双绕组双速感应发电机或者双速极幅调制感应发电机来实现。当风速达到切入风速（一般为3m/s）以上，并连续维持5～10min时，控制系统发出信号，风力发电机组开始启动，此时小发电机工作，处于低功率发电状态；当检测到的平均风速远大于启动风速时，切换至大发电机工作，进入高功率发电状态，以此提高风能利用效率。

连续变速发电系统主要是依靠电力电子设备使输出电能频率恒定，以此实现变速运行的最佳化。目前该系统中主要采用的发电机有永磁同步直驱发电机、双馈发电机和无刷双馈发电机。

永磁同步直驱发电机系统采用永久磁铁替代转子励磁磁场，不需外部提供励磁电源。其变速恒频策略由定子侧实现，通过控制电力电子设备使发电机输出的变频变压电源转换为与电网同频同压的交流电。图 2.1–18 所示，发电机输出经整流器整流后，再由电容滤波，而后经逆变器变换为恒压恒频的电能馈入电网。

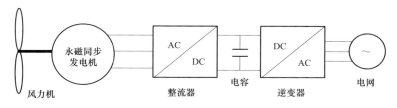

图 2.1–18　直接驱动式风力发电系统框图

由于采用了直驱结构，风轮直接与永磁同步发电机转子耦合，省去了增速齿轮箱，提高了系统可靠性和整机效率、减小了运行噪声且降低了维护成本。但由于直驱发电机的转速低、转矩高，故发电机设计困难、极数多、体积大、造价高、运输困难。

双馈异步发电机组（DFIG）具有定子和转子两套绕组，定子绕组与电网直接相连，转子绕组通过电力电子变流器与电网相连，以提供频率、幅值、相位、相序都可改变的励磁电流，如图 2.1–19 所示。

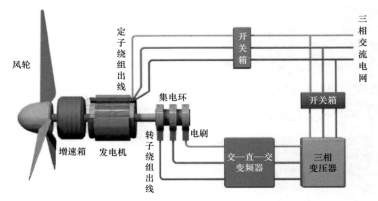

图 2.1–19　双馈异步发电机组的组成

设异步发电机转子本身的转速为 n，n_1 为对应于电网频率 50Hz 时异步发电机的同步转速。根据电机原理，当转子绕组中通入三相对称交流电，则将在电机气隙内产生旋转磁场，转速 n_2 与所通入的电流频率 f_2 及电机磁极对数 p 有关，$n_2 = 60 f_2 / p$。故要想定子绕组输出电能频率 f_1 保持恒定 50Hz，只需调节转子电流频率 f_2 即可调节转速 n_2，改变相序即改变转子磁场旋转方向，从而维持 $n_1 = n \pm n_2$ 为常数，实现恒频控制。

双馈异步发电机系统可在风速和发电机转速变化情况下，有效实现变速恒频运行，还可灵活控制发电机的有功功率和无功功率。其转速高、转矩小、质量轻、体积小、变流器容量小，但由于采用了多级齿轮箱驱动有刷双馈异步发电机，故存在电刷和滑环间的机械磨损，且齿轮箱的运行维护成本较高。

无刷双馈发电机是近年来新兴的交流发电机。其定子上有两套级数不同的绕组：一套为控制绕组，通过变频器与电网连接，通常作为励磁绕组；另一套为功率绕组，直接连接电网，作为发电绕组。其定子、转子结构经过特殊设计，使两套定子绕组产生的磁场只能通过转子间接耦合，实现能量的相互传递，共同维持发电机的稳定运行。设功率绕组极对数为 p_p，接入工频电源频率 f_p，控制绕组极对数为 p_c，变频器输出频率 f_c，转子转速为 n_r，稳态运行时，关系式如下

$$f_p = \frac{n_r(p_p + p_c)}{60} \pm f_c$$

式中±号表示两个绕组外接电源的相序相同或相反。由上式可知当转速 n_r 随风速改变时，控制变频器输出频率 f_c，即可使功率绕组输出电能频率 f_p 保持不变，进而实现变速恒频发电。相比于双馈异步发电机，无刷双馈发电机没有电刷和滑环、结构简单，既降低了成本又提高了运行可靠性，但制造工艺较复杂。

2.2 太阳能光伏发电

太阳能一般是指太阳光的辐射能量，主要来源于太阳内部的核聚变反应。这些能量以电磁波的形式，穿越太空射向四面八方。其中地球大气层所接收到的能量仅占太阳总辐射能量的 22 亿分之一，高达 173 000TW，也即太阳每秒钟辐射到地球上的能量相当于 500 万 t 煤，约为全世界发电量的几十万倍。

我国的太阳能资源丰富，具有发展太阳能应用事业的优越条件。根据各地全年的日照时间以及每平方米地面接收的年辐射总量，可将全国太阳能资源划分为 5 类地区，如表 2.2–1 所示。其中，一、二、三类地区，全年日照时数大于 2000h，属于太阳能资源丰富或较丰富地区，具有良好的太阳能资源利用条件。尤其是西藏、青海、甘肃、宁夏、新疆等，太阳能资源极其丰富。对于四、五类地区，虽然太阳能资源条件相对较差，但其中一些地区也具备太阳能的开发利用价值。

表 2.2–1　　　　　　　　　我国的太阳能资源地区划分

地区类别	全年日照时数（h）	太阳辐射总量（GJ/m²）	主要包括的省份和地区	世界上与之相当的其他国家地区
一	2800～3300	6.72～8.40	宁夏北部、甘肃北部、新疆东南部、青海西部和青藏西部	印度和巴基斯坦的北部
二	3000～3200	5.86～6.72	河北西北部、山西北部、内蒙古和宁夏南部、甘肃中部、青海东部、西藏东南部和新疆南部	印度尼西亚的雅加达一带
三	2200～3000	5.02～5.86	北京、天津、山东、河南、河北东南部、山西南部、新疆北部、吉林、辽宁、云南等省以及陕西北部、甘肃东南部、广东和福建的南部、海南、江苏和安徽的北部、台湾西南部	美国的华盛顿地区

续表

地区类别	全年日照时数（h）	太阳辐射总量（GJ/m²）	主要包括的省份和地区	世界上与之相当的其他国家地区
四	1400～2200	4.20～5.02	湖北、湖南、江西、浙江、广西等，以及广东北部、福建北部及陕西、江苏和安徽3省的南部、黑龙江、台湾东南部	意大利的米兰地区
五	1000～1400	3.35～4.20	四川和贵州两省	欧洲大部地区

太阳能的应用由来已久，其中太阳能发电技术主要可分为两大类：一类是太阳能光伏发电技术，利用太阳能电池直接将光能转化为电能；另一类是太阳能热发电技术，通过集热设备将太阳能收集起来加热水产生水蒸气，再推动汽轮发电机组做功发出电能。本节介绍太阳能光伏发电技术。

2.2.1　太阳能电池工作原理及特性

2.2.1.1　太阳能电池工作原理

太阳能光伏发电技术是利用半导体材料的光生伏特效应将光能直接转变为电能的一种技术。其最核心的部件是太阳能电池，主要由半导体硅制成（半导体的导电性介于绝缘体和导体之间），实质上就是一个大的 PN 结。当半导体材料接收光照后，吸收光能，激发出电子和空穴，在 PN 结内电场的作用下，相互分离，最终汇集在 PN 结两端，对外形成电动势，也即光生伏特效应。太阳能电池也由此称为光伏电池。

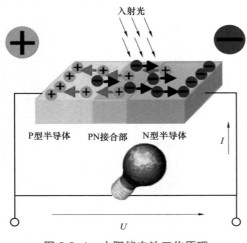

图 2.2-1　太阳能电池工作原理

图 2.2-1 所示为太阳能电池工作原理，太阳光照射 PN 结，激发出的电子自由运动流向 N 型半导体；带正电荷的空穴则集结于 P 型半导体，从而生成电动势（左端为正右端为负），如果外接闭合回路，就有电流流动。将若干个光伏电池串并联后封装保护即形成光伏电池组件，再根据需要将多个光伏电池组件组合成一定功率容量的光伏阵列，配合储能、

逆变器、控制器等装置即构成光伏发电系统。

2.2.1.2 太阳能电池参数

太阳能电池的主要技术参数有开路电压、短路电流、最大输出功率、能量转换效率、功率温度系数、电压温度系数、电流温度系数等，其中：

（1）开路电压。当太阳能电池两端不接负载时，所测得的正负两极间的电压。

（2）短路电流。将太阳能电池两端短路所测定的电流。

（3）最大输出功率。将太阳能电池接上负载电阻，电阻中便有电流流过，该电流称为电池的工作电流或输出电流（I）；负载两端的电压称为电池的工作电压（U）。将工作电压与工作电流相乘即太阳能电池的输出功率 P（$P=UI$）。太阳能电池的工作电压和电流随负载电阻的变化而变化，将不同阻值负载对应的工作电压和电流值做成曲线，即太阳能电池的伏安特性曲线，也称工作特性曲线。将负载从零变到无穷大，所作出的太阳能电池工作特性曲线，如图 2.2–2 所示。图 2.2–2 中 U_{oc} 为开路电压，I_k 为短路电流。曲线上的任一点都称为工作点，与工作点对应的横、纵坐标分别为工作电压和工作电流。调节负载电阻到某一值时，曲线上对应点 M，此时太阳

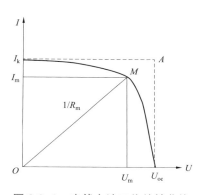

图 2.2–2　光伏电池工作特性曲线

能电池的输出功率最大，该点称为最大功率点，其对应的电压 U_m、电流 I_m 分别称为最佳工作电压、最佳工作电流。

由于太阳能电池的输出特性与外界环境存在极大相关性，因此太阳能电池的测量应在统一标准条件下进行，此标准被欧洲委员会定义为 101 号标准，其条件是：光谱辐照度 1000W/m²，大气质量系数 AM1.5，太阳能电池温度 25℃。在该条件下，太阳能电池组所输出的最大功率称为峰值功率，表示为 W_p（peak watt）。

（4）能量转换效率。它是评价电池质量的重要指标，定义为太阳能电池的最大输出功率与照射到太阳能电池上的太阳能功率的比值，用百分数表示，公

式如下

$$\eta = \frac{P_{\mathrm{m}}}{P_{\mathrm{in}}} \times 100\%$$

式中　P_{m}——太阳能电池的最大输出功率；

　　　P_{in}——照射到太阳能电池上的输入功率。

（5）功率温度系数。功率随温度的变化，单位%/K，为负值。

（6）电压温度系数。电压随温度的变化，单位%/K，为负值。

（7）电流温度系数。电流随温度的变化，单位%/K，为正值。

2.2.1.3　太阳能电池工作特性

（1）温度特性。当太阳能电池温度发生变化时，其伏安特性也会相应改变，从而影响转换效率。图 2.2-3 所示为同一光照强度下、不同温度时的伏安特性曲线。开路电压受温度影响较大，随温度升高而线性降低。短路电流则与温度的关联性不大，其随温度上升略有增加。对应的功率变化如图 2.2-4 所示。图 2.2-4 中所示为不同温度下，太阳能电池的功率电压曲线，从图中可看出，随着温度上升，输出功率明显下降。通常温度升高 10℃，太阳能电池的效率下降约 5%。国际上定义标准的太阳能电池温度为 25℃。

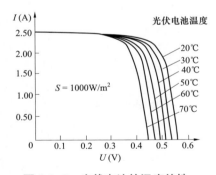

图 2.2-3　光伏电池的温度特性　　图 2.2-4　不同温度下光伏电池功率电压曲线

（2）光照特性。图 2.2-5 所示为其他条件不变时，不同光照强度下的太阳能电池伏安特性曲线和功率电压曲线。从图 2.2-5 中可看出，短路电流随光照强度的增大线性增长，而开路电压受光照强度的影响很小。太阳能电池的输出功率也随光照强度的增加呈明显增长趋势。

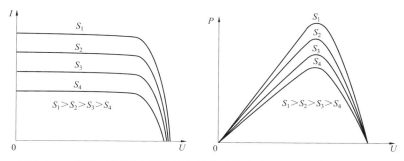

图 2.2-5　不同光照强度下的太阳能电池伏安特性曲线和功率电压曲线

2.2.2　太阳能电池的分类及制造工艺

2.2.2.1　太阳能电池的分类

太阳能电池主要分为晶体硅太阳电池与薄膜太阳电池，如图 2.2-6 所示。晶体硅太阳能电池又分为单晶硅太阳能电池与多晶硅太阳能电池，薄膜太阳能电池种类较多，主要为非晶硅太阳能电池。

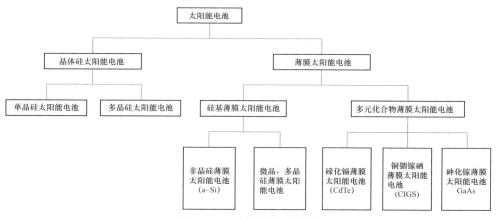

图 2.2-6　太阳能电池分类

单晶硅太阳能电池材料结晶完整，转换效率较高，约为 14%～17%，最高可达 24%，颜色多为黑色，四角呈圆弧状。其生产工艺成熟，广泛应用在航天、高科技产品中。但单晶硅太阳能电池制造工艺复杂，制造能耗大，成本高。

多晶硅太阳能电池与单晶硅太阳能电池相比，成本较低、生产时间短，在市场上有重要地位。它是许多单晶颗粒的集合体，转换效率约 13%～15%，最高达 20%，颜色多为蓝色，表面呈现花纹。

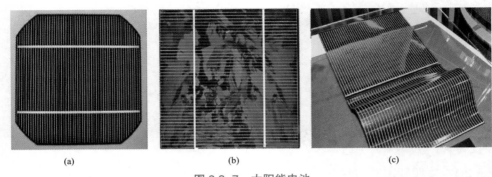

(a)   (b)   (c)

图 2.2-7　太阳能电池
（a）单晶硅；（b）多晶硅；（c）非晶硅薄膜电池

非晶硅太阳能电池采用非晶硅材料制成，基本被制成薄膜电池形式（约 1mm 厚）。其硅材料消耗很少，可直接在大面积的玻璃、不锈钢、塑料板等材料上淀积而成，制造工艺和设备简单、制造时间短、能耗少，适于批量生产。其转换效率约为 5%～8%，最高达 13%，特点是在弱光下也能发电。其主要缺点为稳定性稍差，但价格低廉与弱光性能好，广泛应用在民用产品中。另外由于薄膜电池具有可挠性，除了做成平面之外，可以制作成非平面构造，可与建筑物结合或是变成建筑体的一部分，应用非常广泛。

2.2.2.2　太阳能电池制造工艺

通常单个太阳能电池片的尺寸主要有两种规格 156mm×156mm、125mm×125mm，工作电压约为 0.48～0.5V。由于单体的电压、电流和功率都很小，故需将若干太阳能电池片单体串联达到可供使用的电压，再并联输出大电流，进而实现较大的功率输出。多个单体串并联后进行封装保护可形成大面积的太阳能电池组件，也即常说的太阳能电池板。太阳能电池组件是太阳能发电系统的基本组成单元。

图 2.2-8 所示为电池片串接示意图，可通过汇流带将一块电池片的上电极线（负极）与下一个电池片的下电极线（正极）焊接在一起，进而将多张电池片串接在一起形成电池串，再将整个电池串的正负极焊接引线引出。通常一块太

阳能电池组件不论功率大小，一般都是由 36、72、54、60 片等几种串联形式组成，常见的排布方法有4×9片、6×6片、6×12片、6×9片、6×10片等。以 36 片串联为例，其工作电压约为 17～17.5V。之后对电池串进行封装。不同种类太阳能电池组件，封装工艺也不同，此处介绍普通硅太阳能电池的常用封装方法。首先在电池串的上面采用钢化玻璃（也称白玻璃）封装，钢化玻璃强度很高，且具有很好的透光性，可有效地保护电池片；电池片下面采用热塑聚氯乙烯复合膜（TPT）做背面，其具有良好的绝缘性能且能抗紫外线、抗环境侵蚀。三者之间采用热融胶黏膜（EVA）粘接，EVA 在热压下熔融固化后具有很好的黏合性，并且透光率高、柔韧、耐冲击、耐腐蚀。封装层次如图 2.2-9 所示。

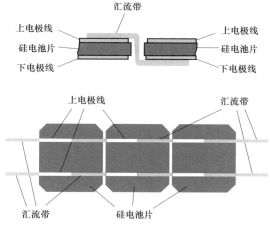

图 2.2-8　电池片串接示意图

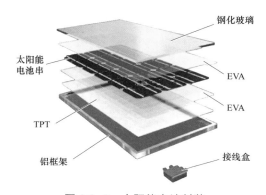

图 2.2-9　太阳能电池封装

　　将以上材料按层次敷设好后放入层压机，抽出空气、加热使 EVA 熔化黏合，最后冷却取出组件，装上铝框并密封，以此增加组件的强度，延长电池的使用寿命。电池组件的背面引线处粘接一个接线盒，以利于电池与其他设备或电池间的连接。

　　图 2.2-10 分别是封装好的单晶硅、多晶硅太阳能电池组件的正面与反面，反面可看到电池接线盒。

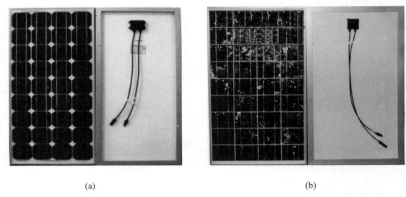

(a)　　　　　　　　　　　　　　　　(b)

图 2.2-10　单晶硅、多晶硅太阳能电池组件的正面与反面
（a）单晶硅太阳能电池组件；（b）多晶硅太阳能电池组件

　　目前电池板的尺寸种类较多，一般为 1.5m 长、0.8m 宽。大的可达 2m 长、1m 宽，也可根据需要做成不同尺寸、不同电压、不同形状的组件，如图 2.2-11 所示。

图 2.2-11　多种尺寸太阳能电池组件

2.2.3　太阳能光伏发电系统

2.2.3.1　太阳能光伏发电系统分类

太阳能光伏发电系统主要可分为离网（独立）光伏发电系统和并网光伏发电系统两大类。

图 2.2-12 所示为离网型光伏发电系统工作原理示意图。太阳能电池板将太阳光的光能转化为电能，并通过控制器把电池板输出的电能存储在蓄电池中，同时为负载供电。由于电池板输出为直流电，可直接供给直流负载使用，若为交流负载，则需采用逆变器将直流电转化为交流电后方能使用。电池板发出的电能可即发即用，也可用蓄电池等储能设备存储起来，需要时使用。

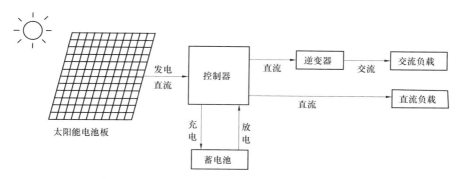

图 2.2-12　离网型光伏发电系统工作原理示意图

图 2.2-13 为并网型光伏发电系统工作原理示意图。多个太阳能电池板经串并联组合形成太阳能电池方阵，将光能转化为电能后，经直流汇流箱进入并网逆变器。一般并网型光伏发电系统无须配置蓄电池，有些系统为提供负载备用电源还要配置蓄电池组存储直流电能。并网逆变器由充放电控制、功率调节、逆变交流以及并网保护切换等部件组成。经并网逆变器输出的交流电供负载使用，富余的电能通过电力变压器等设备馈入电网（也称卖电）。当并网光伏系统发电量不足或自身用电量较大时，可由电网为交流负载供电（也称买电）。另外，系统还配有监控、测试以及显示系统等，用于对各部分状态的监控、检测以及发电量等数据统计，还可利用计算机网络系统远程控制和显示。

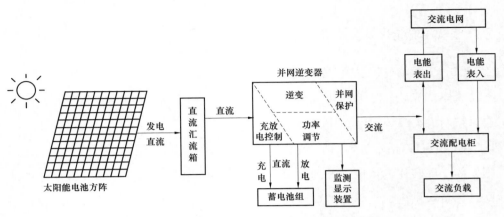

图 2.2-13　并网型光伏发电系统工作原理示意图

2.2.3.2　太阳能光伏发电系统结构组成

太阳能光伏发电系统主要由太阳能电池方阵、控制器、逆变器、储能设备以及辅助设备组成，其主要设备情况如下。

（1）太阳能电池方阵。太阳能电池方阵是为满足高电压、大功率的发电要求，由多个太阳能电池组件串并联，并通过一定的机械方式固定组合在一起的。其基本电路由太阳能电池组件串、防反充二极管、旁路二极管以及带避雷器的直流接线箱等组成，主要形式有并联、串联或串并联混合方阵，如图 2.2-14、图 2.2-15 所示。

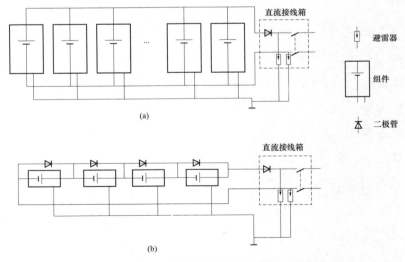

图 2.2-14　并联、串联太阳能电池方阵基本电路示意图

（a）并联方阵；（b）串联方阵

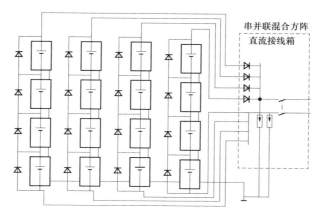

图 2.2–15　串并联混合太阳能电池方阵基本电路示意图

图 2.2–14～图 2.2–15 中直流接线箱内的二极管为防反充二极管,用于防止电池方阵不发电时,蓄电池的电流向电池方阵倒送,同时避免方阵并联各支路间的电流倒送。

当电池组件串联时,每块电池板的正负极输出端需反向并联 1 个(或 2～3 个)二极管,此二极管称为旁路二极管。其作用是防止电池方阵串中某组件或某部分被阴影遮盖或因故障停止发电时造成整个方阵串停止工作,此时旁路二极管两端因承受正向偏压使二极管导通,组件串电流绕过故障组件,经旁路二极管流过,不影响其他组件的正常工作。同时也保护故障组件,避免承受较高的正向偏压或是因热斑效应发热损坏。

所谓热斑效应即当太阳能电池组件被落叶、尘土等遮挡物遮盖形成阴影时,由于局部阴影的存在,电池组件中某些电池单片的电压、电流发生变化,局部电流与电压之积增大,从而产生局部温升,这种现象即热斑效应。太阳能电池组件中某些电池单片本身缺陷也可能使组件产生局部发热。热斑效应会严重损害电池板的使用寿命,甚至造成整个电池板的报废。

(2)控制器。控制器主要用于对蓄电池进行充放电控制。根据电路方式的不同,可将控制器分为并联型、串联型、脉宽调制型、多路控制型以及智能控制型。不同控制器结构、功能有所差异,但其基本原理相同。图 2.2–16 所示为最基本的光伏控制电路原理框图,图中控制器主要控制开关 1 和开关 2,分别为充电控制开关和放电控制开关。当开关 1 闭合时,太阳能电池为蓄电池充电,当蓄电池出现过充时,开关 1 及时切断充电回路,停止向蓄电池供电。当蓄电

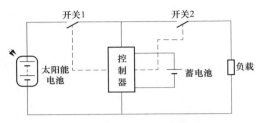

图 2.2-16　光伏控制电路原理框图

池电压低于设定的保护模式时，开关 1 自动恢复对蓄电池充电。当开关 2 闭合时，蓄电池为负载供电。当蓄电池出现过放时，开关 2 及时断开放电回路，蓄电池停止向负载供电，如此往复。开关 1、2 可以是功率开关器件等电子式开关，也可是普通继电器等机械式开关。通常控制器中还设有防反充二极管以及蓄电池接反保护二极管等保护措施。一些智能型控制器还具有信息采集、存储和通信功能。通常控制器额定工作电压选取 12V 或 24V，中、大功率控制器也有 48、110、220、500V 等。

（3）逆变器。逆变器除具有将直流电逆变成为交流电的变换功能外，还应具有最大限度地发挥光伏电池性能以及系统故障保护的功能。逆变器按运行方式，可分为离网运行逆变器和并网逆变器。离网运行逆变器用于独立运行的太阳能电池发电系统，为独立负载供电。其功能比较简单，主要包括自动运行控制以及各种保护功能，如过流、过热、过载、短路、雷击、输出异常、内部故障、接地、反接等。在大型光伏发电系统中，输出的电量通常会并入电网中，供其他居民用户使用，在这过程中就会用到并网逆变器。并网逆变器除了具有离网型逆变器的一般功能外，还应具有：最大功率跟踪控制 MPPT、孤岛检测、自动电压调整、直流分量检测等。其性能指标量很多，如额定输出电压、电流、频率、容量和过载能力，电压稳定度、波形失真度、功率因数、输出效率、直流分量、谐波和波形畸变、电压不平衡度、噪声等，其具体标准可参考 Q/GDW 617—2011《光伏电站接入电网技术规定》。

目前国内外并网型逆变器结构的设计主要集中于采用 DC/DC 和 DC/AC 两级能量变换的两级式逆变器和采用一级能量转换的单级式逆变器。

（4）储能设备。到目前为止，储能的方式有很多种，对于光伏发电系统主要采用的储能方式为蓄电池储能。综合考虑电气性能、尺寸、质量、寿命、维护性、安全性、再利用性及经济性，铅酸蓄电池在光伏系统中应用最为广泛。磷酸铁锂电池以其超长的循环寿命，良好的安全性能、温度特性，也在一些微网系统中得到了应用，并且有望在数年内成为铅酸电池的有力竞争者。钠硫电池和液流电池则被视为新兴的、高效的且具有广阔发展前景的大容量电力储能电池。

（5）辅助设备。太阳能光伏发电系统除了上述主要设备，还应包括一些辅助设备，如汇流箱、交流配电柜等。

汇流箱可分为普通型和智能型两种。普通型主要具有防雷、汇流等基本功能，配置的主要设备包括直流熔断器、直流断路器、防雷保护器等元件。智能型汇流箱在普通型的基础上，增加了智能监测模块等元件，可实时监测光伏阵列的运行情况，判断出故障的光伏串列，并对其定位和报警，通过装置的通信接口向监控系统发送报警报文。

交流配电柜为逆变器提供输出接口，配置输出断路器并网连接，同时实现逆变器输出电量的监测显示以及设备保护等功能。其内部设备主要包括交流断路器、交流防雷保护器、计量电能表（可带通信接口）、电压电流表、电能质量分析仪等。

2.2.4 太阳能光伏发电系统关键技术

光伏发电系统中的关键技术主要有最大功率点跟踪控制技术、孤岛效应的检测与防止、低电压穿越功能等。

2.2.4.1 最大功率点跟踪控制技术

由于太阳能电池的伏安特性具有很强的非线性，其输出电压、电流与工作环境的光照、温度、负载等因素有着密切联系，但在特定的工作环境下，电池具有唯一的最大功率输出点（Maximum Power Point，MPP）。因此为实现太阳能电池输出功率最大化，应当实时调整太阳能电池的工作点，使之始终工作在最大功率点附近，以此最大化地将光能转化为电能，即最大功率点跟踪（Maximum Power Point Tracking，MPPT）技术。目前常用的 MPPT 方法有恒定电压法、电导增量法、扰动观测法等。这些方法各有优缺点，具体应用时可根据光伏并网逆变器不同的要求来选择。

2.2.4.2 孤岛效应的检测与防止

孤岛效应是指当电网发生电气故障、自然因素或停电维修而导致电网停电时，并网逆变器没有检测到电网停电而仍继续向电网供电，从而使光伏并网逆变器与负载形成一个电力公司无法控制的供电"孤岛"。孤岛效应会对维修人员、电气设备甚至电网造成严重的危害，因而从用电安全以及电能质量等因素考虑，不允许出现孤岛效应。一旦发生孤岛效应，并网系统必须快速、准确地将并网逆变器与电网切离。

孤岛效应检测方法一般可分为被动式和主动式。被动式检测方法主要利用电网监测状态如电压、频率、相位等作为判断电网是否故障的依据。但当光伏发电系统输出功率与局部负载功率平衡时，被动检测法将失去孤岛效应检测能力。主动式孤岛检测方法是指通过控制逆变器，使其输出电压、频率或相位存在一定的扰动。电网正常工作时，由于电网的平衡作用，检测不到这些扰动。一旦电网出现故障，逆变器输出的扰动将快速累积并超出允许范围，以此触发孤岛效应检测电路。该方法检测精度高、非检测区小，但是控制较复杂，且降低了逆变器输出的电能质量。光伏电站的防孤岛保护应同时具备主动式和被动式两种，设置至少各一种主动和被动防孤岛保护。目前并网逆变器的反孤岛策略，一般采用被动式检测方案加上一种主动式检测方案相结合的方法。

2.2.4.3 低电压穿越功能

早期新能源系统的设计为保护发电站本身，在遇到接地或者相间短路故障时，继电保护采用全部脱网切除工作模式，结果大幅度降低了电力系统运行的稳定性，在新能源比重比较大时会造成电力系统振荡甚至电网解列的后果。因此，世界各国在大型新能源发电站的并网技术条件中，都规定了低电压穿越的条款。所谓低电压穿越就是在瞬时接地短路或者相间短路时，由于短路点与并网点的距离不同，将导致某相并网点相电压降低至某个阈值（一般等于或低于20%）。此时，大型风力或光伏电站不能够解列或者脱网，需要带电并给系统提供无功电流；同时自动跟踪电力系统的电压、频率、相位；且在自动重合闸时不产生有害的冲击电流，以此快速并网恢复供电。

图 2.2–17 所示为光伏并网逆变器低电压穿越特征曲线。图 2.2–17 中，U_{L0} 为正常运行的最低电压限

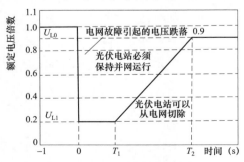

图 2.2–17 光伏并网逆变器低电压穿越特征曲线

值，一般取额定电压的 0.9 倍。U_{L1} 为需耐受的电压下限，T_1 为电压跌落到 U_{L1} 时需保持并网的时间，T_2 为光伏电站发生电压跌落后恢复到 U_{L0} 的时间，此时间段内光伏电站应保证不脱网连续运行。U_{L1}、T_1、T_2 的数值确定需考虑保护和重合闸时间等实际情况。推荐 U_{L1} 设定为 0.2 倍额定电压，T_1 为 1s，T_2 为 3s。

2.2.5 太阳能光伏发电系统设计

太阳能光伏发电系统的设计主要分两部分：一是光伏发电系统容量的设计，主要对太阳能电池阵列和蓄电池的容量、数量进行设计和计算，以满足用电需求并可靠工作；二是系统的配置及设计，对系统内其他主要部件及辅助设备的选型配置和设计计算。目的是根据实际情况选择配置合适的设施、设备和材料等，与前期容量设计相匹配。

图 2.2-18 为太阳能光伏发电系统设计步骤及内容。

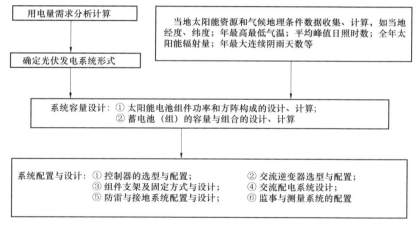

图 2.2-18　太阳能光伏发电系统设计步骤及内容

太阳能电池方阵是根据负载的需求将多个电池组件串并联组合而成。串联得到所需工作电压，并联得到所需工作电流，串并联的数量决定输出功率。一般独立型光伏发电系统电压与用电器的电压等级一致，与蓄电池的标称电压相对应或设计成整数倍，如 12、24、36、48、110、220V 等。并网型光伏发电系统方阵电压等级多为 110V 或 220V。电压等级更高的光伏发电系统则采用多个方阵串并联，组成与电网等级相同的电压等级，如 10kV 等，再通过逆变器与电网相连。

方阵所需要的串联组件数量主要由系统工作电压或逆变器额定电压确定，还需考虑蓄电池的浮充电压、温度变化以及线路损耗等因素。一般带蓄电池的系统方阵输出电压为蓄电池组标称电压的 1.43 倍。不带蓄电池的光伏发电系统，方阵的输出电压一般应在额定电压基础上提高 10%，再确定组件串联个数。

例如，某种光伏电池组件的最大输出功率为 108W，最大工作电压为 36.2V，假设用户需求功率 3kW，选用 DC110V/AC220V 单相并网逆变器，计算电池组件设计方案。

首先根据电压需求计算，考虑电压富余量，太阳能电池方阵的输出电压应增大为：$1.1 \times 110 = 121V$，则组件的串联数为 $121 \div 36.2 \approx 4$ 块。再根据用户需求功率计算电池组件的总数为 $3000 \div 108 \approx 28$ 块，从而计算出模块并联数为 $28 \div 4 = 7$ 块。故该系统应选择此种功率组件 4 串联、7 并联，组件总数 28 块，系统输出最大功率为 $28 \times 108 = 3.024kW$。

2.3 太阳能热发电

通常所说的太阳能热发电技术，即指太阳能蒸汽热动力发电技术，它是利用大规模阵列抛物或碟形镜面收集太阳热能，通过换热装置提供蒸汽，结合传统汽轮发电机的工艺，从而达到发电的目的。它避免了光伏发电系统中昂贵的硅晶光电转换工艺，大大降低太阳能发电的成本。同时太阳能所加热的工质可以存储在巨大的容器中，在太阳落山后几个小时仍能够带动汽轮机发电，具有光伏发电不可比拟的优势。

2.3.1 太阳能热发电系统的构成

太阳能热发电的原理和传统火力发电原理类似，采用的发电机组和动力循环都基本相同。区别在于产生蒸汽的热能来源是太阳能，而不是煤炭等化石能源。通过聚光集热装置收集太阳能的光辐射并转换为热能，将某种工质加热至数百摄氏度的高温，再经热交换器产生高温高压的过热蒸汽，进而驱动汽轮机旋转做功并带动发电机发出电能。

典型太阳能热发电系统，主要由聚光集热子系统、热传输子系统、蓄热与热交换子系统和汽轮发电子系统组成，如图 2.3–1 所示，其中定日镜、集热器实现集热功能，蓄热器是蓄热与热交换部分的主要设备，汽轮机、发电机是发电的核心设备，凝汽器、水泵为热动力。

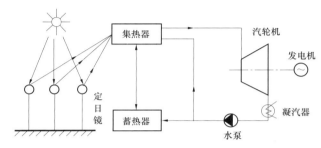

图 2.3–1　典型太阳能蒸汽热动力发电系统原理图

（1）聚光集热子系统。由于太阳能比较分散，定日镜（或聚光系统）的作用就是将太阳辐射聚焦，以提高太阳能的功率密度。大规模太阳能热发电的聚光系统，通常由多个定日镜组合形成一个庞大的太阳能收集场。为了聚集和跟踪太阳光照，一般要配备太阳能跟踪系统，以保证太阳光的高效利用。

集热器的作用是将聚焦后的太阳能辐射吸收掉，并转化为热能传递给工质。集热器是太阳能热发电系统中的关键部件，通常需将多个分散的集热器串联或并联起来形成集热器方阵。目前常用的吸热装置有真空管式和腔体式。

对于太阳能热发电系统，反射镜（聚光装置）、太阳能跟踪装置、集热器共同构成聚光集热子系统。

（2）热传输子系统。热传输子系统，将各单元集热器收集起来的热能传递给蓄热部分。传热工质通常选用加压水、二氧化碳或有机工质。为减少输热管的热损失，一般在输热管管外加绝热材料或采用特殊热管输热。

（3）蓄热与热交换子系统。由于太阳能受气象条件、昼夜和季节的影响，具有波动性和间歇性。为保证太阳能热发电系统的热源稳定以实现稳定运行，需设置蓄热器。蓄热分低温（＜100℃）、中温（100～500℃）、高温（500～1000℃）和极高温（1000℃以上）4 种类型，分别采用水化盐、导热油、熔化盐、氧化锆耐火球等作为蓄热材料。为适应汽轮机发电的需要，传输和存储的热能还需通过热交换装置，转化为高温高压蒸汽推动汽轮机做功。

（4）汽轮发电子系统。汽轮发电子系统主要由汽轮机和发电机组成，是实现热发电的核心部件。经过集热、蓄热以及热交换后的高温高压蒸汽，推动汽轮机旋转，从而驱动发电机发电。其输出的电能可以直接为负载供电也可并网供电。应用于太阳能热发电系统的发电机组，除了通常采用的蒸汽轮机发电机组外，还有用太阳能加热空气的燃汽轮机发电机组、低沸点工质汽轮机、斯特林热发动机等。

2.3.2 太阳能热发电系统的基本类型

根据太阳能聚光方式的不同，可将太阳能热发电系统分为三种类型，即槽式太阳能热发电系统、塔式太阳能热发电系统和碟式太阳能热发电系统。

（1）槽式太阳能热发电系统。槽式太阳能热发电系统是利用槽形抛物面或柱面反射镜把太阳光聚焦到管状的接收器上，将管内传热工质加热，在换热器内产生蒸汽，推动汽轮发电机组做功发出电能，适用于大规模太阳能热发电应用。

图 2.3-2 所示为槽式太阳能热发电系统的聚光集热系统，由多个呈抛物线形弯曲的槽型反射镜构成。有时为制作方便，也可采用抛物柱面结构。每个反射镜都将其接收到的太阳光聚集到处于其截面焦点连线上的管状接收器，以此收集热能。

图 2.3-2　槽式太阳能热发电系统之聚光集热系统

由于槽式热发电系统的抗风性能最差，目前的槽式电站多位于少风或无风地区。我国西北地区阳光富足但往往多风且风力较大甚至沙尘暴频发。因此，若在西北地区开展此项应用或示范，必须增强槽式系统的抗风能力，其成本也会大大增加。

（2）塔式太阳能热发电系统。塔式太阳能热发电系统，通常是在空旷平地上建立高塔，塔顶上安装接收器，以高塔为中心，在周围地面上布置大量的太阳能反射镜群（也叫定日镜群），每台反射镜均配有自动跟踪系统，能够精确地将太阳能反射集中到高塔顶部的接收器上进行聚热，然后加热工质，产生高温高压蒸汽推动汽轮发电机组发电，如图2.3-3所示。

图 2.3-3　塔式太阳能热发电系统

对于太阳能热发电系统，有一个重要的性能评价参数：聚光比，它是指吸收体的平均能流密度和入射能流密度之比。塔式太阳能热发电系统的聚光比高，易于实现较高的工作温度，系统效率高、容量大，故适用于大规模太阳能热发电系统。但塔式系统的造价一直居高不下，产业化之路依旧困难重重。

（3）碟式太阳能热发电系统。碟式太阳能热发电系统，又称抛物面反射镜斯特林系统，是由许多反射镜组成大型抛物面，类似抛物面雷达天线。在抛物面的焦点上安装热能接收器，通过反射镜把入射的太阳光聚集到热能接收器上，加热工质，再驱动斯特林发动机组进行发电，如图2.3-4所示。

图 2.3–4　碟式太阳能热发电系统

由于采用碟式聚光形式，碟式太阳能热发电系统聚光比可达数百倍到数千倍，因此能在焦点处产生很高的温度，比其他两种热发电方式的聚光温度都要高，运行温度可达 750～1500℃左右，效率最高。但受聚光集热装置的尺寸限制，碟式太阳能热发电系统的功率较小，更适用于分布式发电系统。目前碟式太阳能热发电方式还处在初期阶段，但因其效率较高，所以很多国家都比较重视，相应的研究活动正在积极开展。

2.4　燃　料　电　池

燃料电池是一种将燃料和氧化剂具有的化学能直接转化为电能的发电装置。1839 年，英国科学家格罗夫（W.R.Grove）在实验室里发现并验证燃料电池现象。但由于发电机和电极过程动力学的研究未能跟上，燃料电池的研究直到 20 世纪 50 年代才有了实质进展。20 世纪 60 年代，燃料电池成功地应用于阿波罗（Apoiio）登月飞船。从此，氢氧燃料电池开始广泛应用于宇航领域，同时，兆瓦级的磷酸燃料电池也研制成功。自 20 世纪 80 年代开始，各种小功率燃料电池在宇航、交通、军事等各个领域中也开始得到应用。2014 年 2 月，据物理学家组织网报道，美国科学家开发出了一种可直接以生物质为原料的低温燃料电池。这种燃料电池只需借助太阳能或废热就可将稻草、锯末、藻类甚至有机肥料转化为电能，能量密度比基于纤维素的微生物燃料电池高出近 100 倍。据国际能源界预测，燃料电池将是 21 世纪最具吸引力的发电方式之一。

2.4.1　燃料电池的工作原理

燃料电池实质上是一种电化学装置，将燃料和空气分别送进燃料电池，就可生成电能。其组成与一般蓄电池类似，主要由阳极、阴极和电解质组成。阳极相当于负极，即燃料电极；阴极相当于正极，即氧化剂电极。不同之处在于：一般蓄电池是将活性物质储存在电池内部，因此电池容量有限；而燃料电池的阳极、阴极本身不包含任何活性物质，只是一个催化转换装置，其燃料和氧化剂由外部供给。因此燃料电池并不能"储电"，而是一个将化学能转化为电能的 "发电厂"。

通常利用电能将水分解为氢气和氧气的过程为水的电解。燃料电池则利用的是水电解的逆反应，即氢元素和氧元素合成水并输出电能。由于燃料电池中可采用的电解质种类很多，不同类型的燃料电池发生的电化学反应也不一样。下文以酸性燃料电池为例来说明燃料电池的工作原理。

图 2.4-1 所示为燃料电池工作原理图。工作时，向燃料电池的阳极供给燃料（H_2 或其他燃料），阴极供给氧化剂（空气或 O_2）。H_2 在阳极分解，释放出电子并产生氢离子（也叫作质子）。氢离子进入电解质中，而电子则沿外部电路移向阴极。在阴极上，氧结合电解质中的氢离子以及电极上的电子形成水。电子经外部电路从阳极向阴极移动的过程形成电流，接在外部电路中的用电负载即可获取电能。

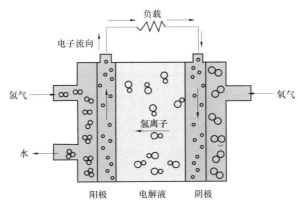

图 2.4-1　燃料电池工作原理图

其化学反应式为

阳极：$H_2 \Longrightarrow 2H^+ + 2e^-$

阴极：$2H^+ + 1/2O_2 + 2e^- \Longrightarrow H_2O$

总反应式：$H_2 + 1/2O_2 \Longrightarrow H_2O$

通常为了加速电极上的电化学反应，都会在燃料电池的电极上加上催化剂，一般做成多孔形状，以增大燃料、电解质和电极之间的接触面。这种包含催化剂的多孔电极又称为气体扩散电极，是燃料电池的关键部件。

除了以上部件，燃料电池还需要一套相应的辅助系统，包括反应剂供给系统、排热系统、排水系统、控制系统和安全系统等。由于氢气是燃料电池最主要的燃料，因此燃料电池通常和氢能的利用联系在一起。

2.4.2 燃料电池的特点

图 2.4–2、图 2.4–3 分别为某大学 300kW 燃料电池电站以及 10kW 级分布式燃料电池示范电站。两者均采用天然气作为燃料，首先将天然气转化成为氢气，再送入燃料电池发电机组产生电能和热水。

图 2.4–2 某大学 300kW 燃料电池电站　　图 2.4–3 某大学 10kW 级分布式燃料
电池示范电站

原则上燃料电池只要源源不断地输入反应物、排出反应产物，就能连续地发电，当供应中断时，发电过程就会结束。其输入的最主要燃料是氢，输出的主要产物是水。与传统的发电技术相比，燃料电池具有如下特点：

（1）能量转化效率高。直接将燃料的化学能转化为电能，中间不经过燃烧过程，因而不受卡诺循环的限制。目前燃料电池系统的燃料—电能转换效率在

45%～60%，而火力发电和核电的效率在 30%～40%。

（2）污染排放物少。没有燃烧过程，几乎不排氮、硫氧化物，没有固体粉尘。CO_2 的排出量也大大减少，即使用天然气和煤气为燃料，CO_2 的排出量也比常规火电厂减少 40%～60%。

（3）没有运动部件，可靠性高和操作性良好，噪声极小。

（4）燃料适用范围广，建设灵活。很多能制氢的燃料都可用于燃料电池，资源广泛。燃料电池电站建设也很灵活，选址几乎没有限制，且占地面积小，很适合于内陆及城市地下应用。采用组件化设计、模块结构，电站建设工期短（平均仅需 2 个月左右），扩容和增容也很方便。

（5）负荷响应快，运行质量高。可在数秒钟内从最低功率变换到额定功率，且电厂可距离负荷很近，减少输变线路投资和线路损失，有效改善地区频率偏差和电压波动。

总之，燃料电池是一种高效、清洁、方便的发电装置，既适合于分布式发电，又可组成大容量中心发电站，对电力工业具有极大吸引力。

2.5 微型燃气轮机

微型燃气轮机（Microturbine）是一种新近发展起来的小型热力发动机。其主要特征在于体积小、质量轻、启动快、效率高，单机功率范围约为 25～300kW。图 2.5-1 所示为某公司生产的微型燃气轮机发电装置，单个装置功率为 30kW。

图 2.5-1 微型燃气轮机发电装置

微型燃气轮机结构和工作原理与大中型燃气轮机基本相似。其燃料类型多种多样，可以是低压或高压的甲烷、天然气等燃气，也可是柴油、汽油、煤油等燃油。技术上主要采用径流式叶轮机械及回热循环。图 2.5-2 所示为美国 Ingersoll Rand 公司机型 MT250 微型燃气轮机的内部结构。图 2.5-2 中，空气加压预热后送入燃料室与燃料燃烧，产生高温高压燃气，进入涡轮机膨胀做功，带动同轴发电机发出电能，同时驱动同轴的空气压缩机对吸入空气加压。做功后的燃气再被引回对压缩空气进行预热，再次进行余热利用，以此大大提高整个系统的综合利用率。该系统废气废热排放极少，环境影响较小，适合于学校、医院、企业甚至家庭独立分散使用，属于典型的分布式发电系统。

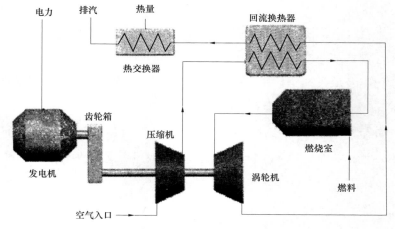

图 2.5-2　MT250 微型燃气轮机的内部结构

3 储能设备

3.1 储能设备的作用

随着新能源技术与智能电网的发展，储能设备在一些以清洁能源为基础的分布式发电系统中（如风力发电、太阳能发电等）有着巨大意义。由于风力发电、太阳能发电的间歇性，其输出电能也具有随机性和波动性，也就增加了电网运行的控制难度且会对电网产生冲击。为提高清洁能源接入电网的利用率，保证其供电可靠性，必须大力发展和研究分布式发电系统中的储能技术。

储能设备在分布式发电系统中的作用主要有以下几方面：

（1）"削峰调谷"、平衡电量。分布式发电系统引入储能设备后，可有效平衡发电量与用电量之间的关系。对于分布式发电系统，其发电量动态变化。当发电量大于负荷用电总量时，储能设备将富裕电量储存起来；当发电量小于负荷总量时，再由储能设备提供系统所缺的电量，保证供需平衡，同时有效保证分布式发电系统的稳定运行。

（2）提高分布式发电系统的可控性。分布式发电系统接入大电网，储能系统可根据需求调节分布式发电系统与大电网之间的能量平衡，把难以准确预测和控制的分布式发电系统整合为能够在一定范围内按计划输出电能的电源，使其像常规电源一样变为大电网中可调度的发电单元，以此减轻分布式电源并网对大电网的影响，增强大电网对分布式发电系统的接受能力。

（3）改善电能质量以及发电系统的稳定性。储能设备通过对功率波动的抑制和快速的能量储存和释放，可有效改善分布式发电系统的电能质量。比如风力发电系统，风速改变会使发电机输出功率波动以致电能质量下降。采用储能装置是改善发电机输出频率和电压质量的有效措施。把分布式发电单元与储能设备结合起来是解决电压跌落、涌流、瞬时供电中断等动态电能质量问题的有效办法之一。

（4）充当系统备用电源。储能设备还可以作为系统的备用电源。由于风力发电、太阳能发电等清洁能源供电的随机性和波动性，当自然条件变化时，比如风力微弱或光线不足等情况，系统发电容量较小，就需要储能设备充当备用电源，保证系统的连续供电和稳定运行。

综上所述，储能设备在分布式发电系统中的应用可提高系统供电的稳定性，保证系统的安全可靠，改善电能质量同时提高清洁能源接入电网的利用率，其对于分布式发电系统的发展具有重要的促进意义。

3.2　储能设备的种类与特性

从能量转换角度来看，电能可转化为化学能、动能、势能以及电磁能等形式来存储，以此进行分类，储能技术可分为化学储能、物理（机械）储能、电磁储能以及相变储能几种类型。其中化学储能是目前发展进步最快且应用最广泛的储能技术之一，主要指的是各种类型的电池储能，如铅酸、锂离子、镍镉、镍氢、液流、钠硫等电池储能。物理（机械）储能包括抽水蓄能、飞轮储能、压缩空气储能等类型。电磁储能包括超级电容储能、超导磁储能等。相变储能指利用某些材料的相变过程实现能量存储，如冰蓄冷储能技术（主要用于空调中）。下面主要介绍几种在分布式发电系统中应用前景较好的储能技术。

3.2.1　蓄电池储能技术

蓄电池的发展具有悠久的历史，是目前在分布式发电系统中应用最广泛的一种储能技术。蓄电池储能系统（Battery Energy Storage System，BESS）主要由蓄电池组、逆变器、控制器及其他辅助设备等组成。根据采用化学物质的不同，蓄电池可分为铅酸电池、锂离子电池、镍镉电池、镍氢电池、液流电池、钠硫电池等。

蓄电池储能利用电池正负极的氧化还原反应进行充放电，先把电能转换为化学能存储起来，需要时再将化学能转化为电能。表 3.2-1 所示为一些典型的蓄电池及化学反应原理。表 3.2-2 为各类蓄电池的性能比较。

表 3.2-1 典型的蓄电池及化学反应原理

种类	反 应 式	单位标称电压（V）
铅酸电池	负极： $Pb + SO_4^{2-} \rightleftharpoons PbSO_4 + 2e^-$ $Pb + SO_4^{2-} \rightleftharpoons PbSO_4 + 2e^-$ $Pb + SO_4^{2-} \rightleftharpoons PbSO_4 + 2e^-$ 正极：$PbO_2 + 4H^+ + SO_4^{2-} + 2e^- \rightleftharpoons PbSO_4 + 2H_2O$	2.0
镍镉电池	负极：$Cd^2 - 2e^- + 2OH^- \rightleftharpoons Cd(OH)_2$ 正极：$2NiOOH + 2H_2O + 2e^- \rightleftharpoons 2Ni(OH)_2 + 2OH^-$	1.0～1.3
镍氢电池	负极：$H_2O + e^- \rightleftharpoons 1/2H_2 + OH^-$ 正极：$Ni(OH)_2 + OH^- + e^- \rightleftharpoons NiOOH + H_2O$	1.0～1.3
锂离子电池	负极：$6C + xLi^+ + xe^- \rightleftharpoons Li_xC_6$ 正极：$LiCoO_2 \rightleftharpoons Li_{1-x}CoO_2 + xLi^+ + xe^-$	3.7
钠硫电池	负极：$2Na \rightleftharpoons 2Na^+ + 2e^-$ 正极：$XS + 2e^- \rightleftharpoons XS^{2-}$	2.08
全钒液流电池	负极：$V^{2+} \rightleftharpoons V^{3+} + e^-$ 正极：$V^{5+} + e^- \rightleftharpoons V^{4+}$	1.4

表 3.2-2 各类蓄电池性能比较

电池种类	功率上限	比容量 （Wh/kg）	比功率 （Wh/kg）	循环寿命 （次）	充放电效率 （%）	自放电 （%/月）
铅酸电池	数十兆瓦	35～50	75～300	500～1500	0～80	2～5
镍镉电池	几十兆瓦	70	150～300	2500	0～70	5～20
镍氢电池	几兆瓦	60～80	140～300	500～1000	0～90	30～35
锂离子电池	几十千瓦	150～200	200～315	1000～10 000	0～95	0～1
钠硫电池	十几兆瓦	150～240	90～230	2500	0～90	0～2
全钒液流电池	数百千瓦	80～130	50～140	13 000	0～80	0～1

其中，铅酸蓄电池价格便宜、技术成熟，性价比高，广泛应用于发电厂、变电站中，当供电中断时可充当后备电源，为继电保护装置、断路器、通信等重要设备提供电能。目前分布式发电系统中应用的储能设备，多数都是传统的

铅酸蓄电池，但铅酸蓄电池也存在寿命较短、体格笨重、污染环境等缺点。

锂离子电池工作电压高、储能密度大、体积小、无污染、循环寿命长且充放电转化率高达 95%，但其性能易受环境温度及工艺等因素影响。

钠硫、液流电池是新兴的高效大容量储能电池，两者发展前景广阔。钠硫电池储能密度大、循环寿命长、体积小，仅为普通铅酸蓄电池的 1/5 且便于模块化制造，建设周期短。液流电池循环寿命长，额定功率和容量相互独立，可灵活设计电解液储藏设备的形状。目前液流电池有全钒、钒—溴、多硫化钠/溴等多种类型。其中全钒液流电池，因其成本低、寿命长且可避免正负极活性物质的交叉污染，成为液流电池系列中商业化发展的主要方向。

虽然蓄电池储能存在有诸多不足，但就目前的技术发展而言，蓄电池仍将在较长的一段时间内广泛应用。选择蓄电池时，应综合考虑其电气性能、尺寸、质量、寿命、安全性、维护性、再利用性以及经济成本等，在此基础上选择最佳。下面重点介绍分布式发电系统中应用最多的铅酸蓄电池。

3.2.2 超级电容储能技术

超级电容储能技术（Super Capacitor Energy Storage，SCES）的核心器件就是超级电容。它是近几年才批量生产的一种新型储能元件。其能量密度非常高，既具有静电电容器的高效放电功率优势又具有蓄电池一样较大的电荷储存能力，其单体容量目前已经做到了万法拉级。超级电容充电时间短并且储能过程可逆，因此可反复充放电达数十万次，循环寿命长，同时其还具备温度特性良好、环境无污染、用途广泛等优点。

超级电容在结构上与可充电电池结构类似，是一种两端元件，主要由电极板、隔板、电解液、外壳等组成。其中，电极与电解液由特殊材料制成，基于电化学双层理论研制，原理与其他类型的双电层电容器一样，都是利用活性炭多孔电极和电解液组成的双电层结构获取超大的容量，如图 3.2-1 所示。

3.2.2.1 超级电容工作原理

在超级电容的两个极板上外加电压，跟普通电容一样，正极板储存正电荷，负极板储存负电荷。两极板上电荷产生电场，电解液与电极间的界面在电场作用下形成相反电荷，以平衡内电场。这种正电荷与负电荷在两个不同的接

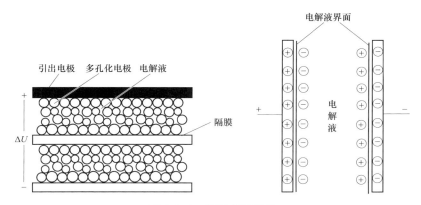

图 3.2-1　超级电容结构

触面上，两者间隙极短且排列在相反的位置上，这种电荷分布层称为双电层，它的电容量非常大。当两极板间的电势低于电解液的氧化还原电位时，电解液界面上的电荷不会脱离电解液，超级电容就工作在正常工作状态（通常为 3V 以下），如果电容两端的外加电压高于电解液的氧化还原电极电位，电解液分解，随着超级电容放电，正、负极板上的电荷通过外电路泄放，电解液界面上的电荷相应减少。由此可知，超级电容的充放电过程没有发生化学反应，是物理过程，因此其性能稳定，与通过化学反应储能的蓄电池原理完全不同。

由于超级电容采用了特殊电极结构，其电极表面积成万倍增加，同时其电荷层间距非常小（一般在 0.5mm 以下），因此可提供强大的脉冲功率，存储容量极大。但由于电介质耐压低，存在漏电流，储存能量和保持时间受到限制，必须串联使用，以增加充放电控制回路和系统体积。

3.2.2.2　超级电容工作特性

超级电容的工作特性如下：

（1）充电速度快。充电 10s～10min 即可达到其额定容量的 95%以上。

（2）存储容量大。超级电容器的存储容量是普通电容的 20～1000 倍，目前单体超级电容的最大容量可达到 5000F。

（3）充放电次数多，循环使用寿命长，可达 50 万次，而蓄电池只在 1000 次左右。如果对超级电容器每天充放电 20 次，可连续使用 68 年。

（4）环保无污染，超级电容产品原材料、生产、使用、存储以及拆解过程均无污染，安全无毒、绿色环保，而铅酸蓄电池等则会对环境造成污染。

（5）大电流放电能力超强，能量转换效率高，过程损失小。大电流能量循环效率可达 90%以上。比如 2700F 的超级电容额定放电电流不低于 950A，放电峰值电流可达 1680A。一般蓄电池无法具备这么高的放电电流，放电电流过高会损坏电池。

（6）功率密度高，可达 300～5000W/kg，相当于蓄电池的 5～10 倍。

（7）超低温特性好，可在–40～70℃的温度范围内正常工作。一般蓄电池的温度是–20～60℃。

（8）检测方便，剩余电量可直接读出。

（9）充放电线路简单，安全系数高，长期使用免维护。

由于超级电容功率密度大、维护方便等特性以及工作过程中不需运动部件，使其应用于分布式发电系统中极具优势。将超级电容与蓄电池组结合在一起，可实现性能互补，更好地提高储能系统的工作效率及经济性。以风力发电变浆距控制系统为例，每次风力发电机的风叶停下时，其内部的涡轮机会自动将风叶调整到指定位置，此运作过程所需电能要由液压系统或电池提供。对电池而言，间歇性充放电工作强度大，会影响电池寿命。因此每隔几年需对风力发电机进行一次"高空作业"，维修和更换电池，这也提高了维护成本。大功率超级电容充放电速度快，循环寿命长，可代替普通蓄电池胜任此工作，节省成本的同时降低人力劳动强度。因此超级电容对于新能源发电以及分布式发电系统的发展具有极大作用。

3.2.3　超导磁储能技术

20 世纪 70 年代，超导磁储能系统（Superconducting Magnetic Energy Storage，SMES）开始应用于电力系统。超导磁储能是利用温度接近绝对零度时超导体电阻趋近于零的特性，将电能无损耗地存储在超导线圈中。超导磁储能系统的核心元件就是超导线圈。当能量富裕时电网通过变换器对超导线圈供电励磁，将电能转换为磁场能储存起来。需要时再通过变换器将储存的能量释放出来送回电网或用作他用。由于超导线圈电流密度比常规线圈高 1～2 个数量级，故其储能密度很高，响应速度很快，其他类型储能装置无法与之比拟。

超导磁储能系统主要由低温制冷系统、超导线圈、电力电子装置以及测控保护系统等部分组成。由于超导特性通常只能在很低的温度下才能维持，一旦温度升高，超导体电阻显著增大，功率损耗迅速升高，储能效果不复存在。故超导线圈必须放置在极低的温度环境中，通常将超导线圈浸泡在极低温的液体（液氢、液氮等）中，封闭在容器中。由于超导线圈以直流方式进行储能，故必须经过电力电子变换才能与工频交流电网间实现能量交换。

超导储能优点很多，其响应速度快，通常只需几毫秒，转换效率很高，比容量大，比功率大，可与电力系统进行实时大容量能量交换和功率补偿，同时其质量轻、体积小、损耗小且功率输送时无须能源形式转换。但超导储能系统的成本要比其他储能系统高很多，大约是铅酸蓄电池成本的 20 倍。这也是为什么超导磁储能系统在当前分布式发电系统中尚未大规模使用的主要原因。

3.2.4 飞轮储能技术

飞轮储能是一种机械储能方式，其以动能的形式储存能量。图 3.2-2 所示为其能量转换原理图。当负荷低谷阶段，电网电能通过电力电子输入设备驱动电动机运行，电动机带动飞轮旋转，将电能转化为机械能存储起来。当出现峰值负荷时，再由飞轮拖动发电机发出电能，将机械能转化为电能，并通过电力电子输出设备实现电压、频率变换，满足用电需求。

图 3.2-2　飞轮储能能量转换原理图

实际的飞轮发电系统，其基本结构主要由五部分组成，即飞轮转子、真空室、轴承、电动机/发电机和电力电子变换设备。其中飞轮转子常采用固体钢结构和高强度复合纤维材料组成。轴承用于支撑高速旋转的飞轮转子，一般采用磁悬浮轴承，以消除摩擦损耗，提高系统寿命。飞轮系统密封在真空度较高保护套筒内，以减少风阻损耗，保证高储能效率，同时防止高速旋转的飞轮引发事故。电动机/发电机通常采用直流永磁无刷电动/发电互逆式双向电机。电力电子变换设备用于连接飞轮与电动机和发电机，实现飞轮转速的调节以及储能系统与电网之间的功率交换。此外，飞轮储能系统还必须加入监测设备，用于监测飞轮的转速、位置、振动、真空度以及电机运行参数等。

飞轮储能技术的优点很多，如效率高（90%以上），充电快捷，充放电次数多，循环使用寿命长，储能量大（最大容量可达 5kWh，储能功率密度超过 5kW/kg，能量密度高于 20Wh/kg），且其建设周期短，维护简单，环境友好无污染。但飞轮储能系统会自放电，如果停止充电，能量会在几到几十小时内自行放出，不能长时间保存，比较适用于电网调频和电能质量保障。

目前飞轮储能的成本还较高，尚不能大规模应用于分布式发电系统。目前主要作为蓄电池储能的补充设备，更好地完善储能系统的性能。随着飞轮储能的市场化、产业化，未来其在分布式发电系统中的应用前景广阔。

3.2.5 压缩空气储能

压缩空气储能技术（Compressed–Air Energy Storage， CAES）是指在电网负荷低谷期利用电能来压缩空气，将空气储存在高压密封设施中，当电网负荷高峰时再释放压缩空气来推动汽轮机发电的一种储能方式。其储气设施一般采用废弃的矿井、过期油气井、海底储气罐、新建储气井或山洞等地方。相比于抽水蓄能，压缩空气储能的设备投资和发电成本较低，但相对能量密度也较低；从环境污染角度，压缩空气储能可高效利用清洁能源，且构造原料无污染，安全系数高，非常符合资源可持续利用与环境友好的政策要求。近年来，压缩空气储能技术逐渐成为研究热点，但目前仍处于产业化初期，技术和经济性有待观察。

3.3 分布式发电系统中储能装置的选择与配置

3.3.1 分布式发电系统中的储能方式选择

分布式电源是间歇性波动性电源，其发电具有明显的随机性和不确定性，易对电网运行产生冲击，甚至引发电力事故。为充分利用可再生能源且保障其供电可靠性，合理有效地配备储能设备非常重要。如何选择合适的储能方式，主要考虑因素是分布式发电系统中需要储能设备发挥何种作用。在技术与功能上符合需求后，再考虑经济性能要求，下面主要就并网运行分布式发电系统中储能方式的选择进行讨论：

分布式电源并网运行时，要达到平抑系统扰动，保持发电与用电动态平衡，维持系统电压和频率稳定，就要求系统中的储能设备具有毫秒级的响应速度和对应容量的功率补偿能力。

铅酸蓄电池技术成熟，可靠性高，材料价格便宜，目前在分布式发电系统中已经得到大量实际应用。但铅酸蓄电池充电时间有限，功率有限，充电模式一般也限于恒流充电方式。以风力发电并网运行系统为例，其中由于铅酸蓄电池体积较大，充放电频繁，需经常进行维护，增加了系统的成本。

钠硫电池的储能密度高达 $140kWh/m^3$，循环寿命长，充放电效率很高（>90%），无记忆效应，长期使用免维护，其近 2/3 的安装容量可用于平滑负荷，技术也比较成熟。全钒液流电池能够 100%的深度放电，其储能寿命很长，只需增加电解液量就可方便地提高电池容量，随着液流电池技术的日益成熟，全钒液流电池可大大提高新能源发电的效率与稳定性。

抽水蓄能机组容量达 2000MW，其效率相比某些蓄电池虽然不是很高，但运行可靠稳定且规模大、寿命长。其最大的缺点就是用于分布式发电系统固定成本太高。

飞轮储能系统的能量密度大，高达 $108J/m^3$，充电效率高，充放电次数无限，占据空间相对较小，工作温度为–40～+50℃，且维护简单。一些国家已将飞轮储能技术接入到风力发电系统中。试验表明，飞轮储能设备的引入能大大改善分布式风力发电系统的电能输出性能且提高经济效益。

压缩空气储能技术用于分布式发电系统最大的优势是投资成本低，发电经济效益好。将压缩空气储能设备与燃气轮机结合，容量可达数百兆瓦，效率约为 60%，寿命长，可用于冷启动、黑启动。目前 8～12MW 的微型压缩空气储能系统已经是分布式并网储能技术研究的热点，应用前景非常广阔。

超级电容的功率密度很高，相当于普通蓄电池的 5～10 倍，反应灵敏，响应时间小于 1s，放电彻底，没有记忆效应，维护简单，使用温度–40～+70℃，维护简单。尤其对小型独立分布式光伏发电系统以及燃料电池发电系统，是非常理想的储能设备。而且超级电容与蓄电池储能装置技术特性可以互补，超级电容的高功率密度可很好地平缓系统功率波动，只需要它储存与系统尖峰负荷相当的能量即可。而蓄电池能够有效地储存基荷时的能量。两者相结合可使储能设备具有很好的负载适应力，有效减小装置体积，提高分布式电源供电的可靠性和稳定性。

超导磁储能系统（SMES）具有大容量的功率补偿特性，但容量高于100MWh 的超导磁线圈技术存在一定困难。相比于压缩空气和抽水蓄能储能系统的响应时间分钟级别，SMES 虽然具有毫秒级的响应速度，其功率传递效率优势十分明显，但系统投资和运行成本较高。超导磁储能系统的响应速度快、功率传递灵敏等特性使其在分布式电发电系统中电源故障或间歇供电不稳定时能够快速有效地吸收或发出功率，大大提高了分布式发电系统的供电稳定性与安全性。

3.3.2　分布式电源系统中储能装置的技术配置

分布式发电系统储能设备的容量配置设计时，需要考虑的主要因素有：储能设备自给供电时间，最大储能要求，放电深度以及其他影响因素的修正计算等。下面以分布式光伏发电系统为例进行储能设备的配置。

光伏发电系统中，主要使用的是蓄电池储能装置，其储能系统的设计包括蓄电池容量的计算及蓄电池组的串并联组合方式设计。

（1）储能设备的自给时间是指当外界电源没有补充电量时，储能设备自身能够维持系统正常运行，保证供电连续性的时间。比如光伏发电系统的蓄电池系统应满足太阳光照不足情况下用户仍能正常用电的要求。设计时引用一个气象条件参数：当地最大连续阴雨天数。当负载本身可接受一定程度的电源供电不足时，储能设备的自给时间要求就比较宽松，可以稍短一些。当负载比较重要的时候，自给时间则要求较长。另外，还要考虑分布式发电系统的建设地区，若是在偏远独立的发电系统，其系统维护需要一定时间，故储能系统设计必须采用容量大一点的蓄电池，以保证系统的可靠性。

（2）有时分布式发电系统中会出现某一单一扰动，此时需储能单元释放大量能量以支持系统的正常运行。如当分布式发电系统出现短路故障时，节点电压下降，这时储能系统应提供电能解决电压下降问题，维持系统运行稳定。此类单一事件是确定储能系统最大容量的重要依据。

（3）对于蓄电池储能装置，若过度释放电能会损害电池，因此必须考虑最大允许放电深度。深循环蓄电池最大允许放电深度为 80%，浅循环蓄电池最大允许放电深度只为 50%。实际应用中，可适当减小最大允许放电深度以提高蓄电池使用寿命，减小维护费用，同时避免影响储能系统的工作效率。所以

$$蓄电池配备容量=\frac{自己维持所需能量或者最大储能}{最大允许放电深度} \tag{3.3-1}$$

以交流光伏发电系统为例说明：设系统交流负载耗电量为 10kWh/天，光伏发电系统逆变器的效率为 90%，输入电压为 24V，故负载每天需求为 10 000Wh÷0.9÷24=462.96Ah。根据用户的灵活性，选择自给天数为 6 天，使用深循环蓄电池，放电深度约 75%，那么，蓄电池容量选择为 6×462.96÷0.75=3703.68Ah。

（4）实际应用中，考虑到环境因素以及储能设备的性能参数影响，要对上述公式进行修正。比如蓄电池的容量与放电率有关，放电率降低，电池容量增加。设计时，应查看该型号元件在不同放电率下的容量。一般情况下，可粗略的估计认为，慢放电时（50～200 小时率），蓄电池的容量要比其在标准状态下提高 5%～20%，相应的放电修正系数为 0.95～0.8。光伏系统的平均放电率计算公式为

$$平均放电率=\frac{连续阴雨天数×负载工作时间}{最大允许放电深度} \tag{3.3-2}$$

$$负载工作时间=\frac{\sum(负载功率×单个负载工作时间)}{\sum 负载功率} \tag{3.3-3}$$

根据计算出的光伏系统平均放电率，对应厂商生产的不同型号蓄电池在相应放电率下的电池容量，就可以找出最适合的蓄电池设计容量。

环境温度对蓄电池容量也有一定的影响，温度降低，蓄电池容量下降。25℃时的铅酸蓄电池容量为标定容量；0℃时，容量下降到标定容量的 90%；−20℃时，容量下降到额定容量的 80%。

综上所述

$$实际配置蓄电池容量 = \frac{负载日平均电量 \times 系统要求自给时间 \times 放电率修正系数}{最大放电深度 \times 温度修正系数}$$

（3.3-4）

确定好蓄电池的容量之后，就要对蓄电池组进行串并联组合设计

串联蓄电池个数=系统的工作电压÷蓄电池的额定电压 　（3.3-5）

并联蓄电池个数=蓄电池组的总容量÷蓄电池的额定容量 　（3.3-6）

假设计算的蓄电池组容量为 500Ah，那么设计时就可以选择一个 500Ah 的单体蓄电池，或者两个 250Ah 的蓄电池并联，这些选择从理论上来说都是可以的。在实际应用中，考虑到并联的蓄电池之间可能存在不平衡，应尽量选择大容量蓄电池以减少蓄电池并联数目。

储能设备设计案例：某直流负载太阳能光伏发电系统，负载工作电压为 24V，假设该发电系统有两套设备负载，一套设备的工作电流为 2A，每天工作 24h；另一套设备的工作电流为 5A，每天工作时间 12h。已知该地区最低气温为 −20℃，最大阴雨天数为 6 天，采用深循环蓄电池，要求计算该储能系统蓄电池组容量及串并联个数。

解： 由题意知，最大允许放电深度系数为 0.8，低温修正系数为 0.8。

平均负载工作时间=[(2A×24h)+(5A×12h)]/(2A+5A)=15.4（h）

平均放电率=6×15.4/0.8=115 小时率

115 小时率属于慢放电率，根据厂商提供的资料可查出该蓄电池在 115 小时率时的蓄电池容量进行修正，也可根据经验进行估算，修正系数为 0.88，代入公式计算

负载日平均用电量=(2A×24h)+(5A×12h)=108（Ah）

蓄电池组容量=(108Ah×6×0.88)/(0.8×0.8)=891（Ah）

此处选择 2V/600Ah 蓄电池，故

蓄电池串联个数=24V/2V=12（个）

蓄电池的并联个数=891Ah/600Ah=1.5≈2（个）

蓄电池组总块数=12×2=24（个）

根据以上计算，设计时需要采用 24 块 2V、600Ah 型号的蓄电池，其中每 12 块蓄电池串联后，2 串联电池组再并联。

4 分布式电源并网技术

4.1 分布式电源并网控制

随着风力发电、太阳能光伏发电、生物质发电以及其他各类节能环保型电源的快速发展，其并网要求已势在必行。目前，很多地区分布式电源（DG）在总容量上已占很大的比例。

风力发电、太阳能光伏发电以及其他各类节能环保型电源一般容量都比较小，以分布式电源的形式并入低电压等级电网。与传统的大容量电源直接并入高电压等级电网不同，分布式电源形式多种多样，按照接入配电网的类型主要包括变流器型分布式电源、感应电机型分布式电源及同步电机型分布式电源，各种类型电源都有自身的运行特性；分布式电源都靠近用户侧，这将改变传统电力系统辐射状的供电结构，对电网的安全稳定运行产生影响。在保证电网安全稳定运行的基础上，鼓励以节能环保为目的的分布式电源的发展，对保护环境、减少温室气体排放有重大意义。

4.1.1 分布式电源的并网

4.1.1.1 接入配电网的电压等级

分布式电源的并网点是指分布式电源与电网的连接点，而该电网可能是公用电网，也可能是用户电网。

并网点的图例说明如图 4.1–1 所示，该用户电网通过公共连接点 C 与公用电网相连。在用户内部电网，有两个分布式电源，分别通过并网点 A 和 B 与用户电网相连，并网点 A、B 不是公共连接点。有分布式电源直接与公共电网在 D 点相连，D 点既是并网点也是公共连接点。

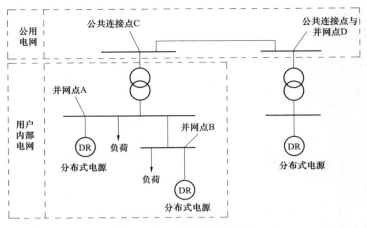

图 4.1-1 并网点图例说明

对于单个并网点，接入的电压等级应按照安全性、灵活性、经济性的原则，根据分布式电源容量、发电特性、导线载流量、上级变压器及线路可接纳能力、用户所在地区配电网情况，经过综合比选后确定，具体可参考表 4.1-1。

表 4.1-1   分布式电源接入电压等级推荐表

单个并网点容量	并网电压等级
8kW 以下	220V
400kW 以下	380V
400kW～6MW	10kV
6MW～20MW	35kV

注 最终并网电压等级应根据电网条件，通过技术经济比选论证确定，若高低两级电压均具备接入条件，
优先采用低电压等级接入。

当公共连接点处并入一个以上的电源时，应总体考虑它们的影响。分布式电源总容量原则上不宜超过上一级变压器供电区域内最大负荷的 25%。分布式电源并网点的短路电流与分布式电源额定电流之比不宜低于 10。

4.1.1.2 并网点选取

分布式电源并网点的选取主要由接入的分布式电源容量、电压等级以及周边电网情况确定，并网点的确定原则为电源并入电网后能有效输送电力并且能确保电网的安全稳定运行，具体见表 4.1-2。

表 4.1-2   分布式电源接入点选择推荐表

电压等级	接 入 点
35kV	用户开关站、配电室或箱式变压器母线
10kV	用户开关站、配电室或箱式变压器母线、环网单元
380V/220V	用户配电室、箱式变压器低压母线或用户计量配电箱

对于不同类型的分布式电源，也有所区别，以下具体讨论各种分布式电源的并网点选取原则。

（1）风力发电系统。与普通发电形式不同，风力发电容量一般在几兆瓦至至上百兆瓦之间。由于风电输出间歇性波动较大，若直接接入配电网线路将给配电用户供电质量带来较大影响，因此建议采用专线接入模式，通过 10kV 专线直接接入附近 110kV 变电站 10kV 母线。

（2）光伏发电系统。容量几兆瓦至几十兆瓦、上百兆瓦的光伏发电系统占地面积大，且需要有充足的日照时间。因此，一般选择在光照充足土地面积充足的郊区。小于该容量但大于 10kW 的光伏并网系统一般安装于大型企业、大型建筑群的屋顶，或是建成小型的光伏电站，为了避免中性线输出电流过大，一般接入低压三相电网。10kW 以下的一般是户用小型光伏发电系统，通常安装在民宅和办公场所的屋顶，可直接接入低压配电侧单相电网。

（3）微型燃气轮机和燃料电池。由于其发电容量较小，一般在 50kW 以下，所以一般都供给负荷就地消纳：

1）对于容量大于 10kW 发电系统微型燃气轮机和燃料电池，一般安装于大型企业、大型建筑群的重要负荷区，为其提供可靠的能源供给；

2）对于容量在 10kW 以下的微型燃气轮机和燃料电池，一般是户用，通常安装在民宅和办公场所的空旷处便于及时处理及散热，直接接入低压配电侧230V 单相电网。

4.1.1.3　并网设备选择

（1）一般原则。分布式电源接入用户配电网工程设备选择应遵循以下原则：

1）分布式电源接入系统工程应选用参数、性能满足电网及分布式电源安全可靠运行的设备。

2）分布式电源接地方式应与配电网侧接地方式一致，并应满足人身设备安全和保护配合的要求。采用 10kV 及以上电压等级直接并网的同步发电机中性点应经避雷器接地。

3）变流器类型分布式电源接入容量超过本台区配电变压器额定容量25%时，配电变压器低压侧总刀熔开关应改造为低压总开关，并在配电变压器低压母线处装设反孤岛装置；低压总开关应与反孤岛装置间具备操作闭锁功能，母线间有联络时，联络开关也应与反孤岛装置间具备操作闭锁功能。

（2）主接线选择。分布式电源升压站或输出汇总点的电气主接线方式，应根据分布式电源规划容量、分期建设情况、供电范围、当地负荷情况、接入电压等级和出线回路数等条件，通过技术经济分析比较后确定，可采用如下主接线方式：

1）220V：采用单元或单母线接线。

2）380V：采用单元或单母线接线。

3）10kV：采用线路—变压器组或单母线接线。

4）35kV：采用线路—变压器组或单母线接线。

5）接有分布式电源的配电台区，不得与其他台区建立低压联络（配电室、箱式变压器低压母线间联络除外）。

（3）电气设备参数。用于分布式电源接入配电网工程的电气设备参数应符合下列要求。

1）分布式电源升压变压器。参数应包括台数、额定电压、容量、阻抗、调压方式、调压范围、联结组别、分接头以及中性点接地方式。变压器容量可根据实际情况选择。

2）分布式电源送出线路。分布式电源送出线路导线截面选择应遵循以下原则：

a. 分布式电源送出线路导线截面选择应根据所需送出的容量、并网电压等级选取，并考虑分布式电源发电效率等因素。

b. 当接入公共电网时，应结合本地配电网规划与建设情况选择适合的导线。

3）断路器。分布式电源接入系统工程断路器选择应遵循以下原则。

a. 380/220V：分布式电源并网点应安装易操作、具有明显开断指示、具备开断故障电流能力的断路器。断路器可选用微型、塑壳式或万能断路器，根据短路电流水平选择设备开断能力，并应留有一定裕度，应具备电源端与负荷端反接能力。其中，变流器类型分布式电源并网点应安装低压并网专用开关，专用开关应具备失压跳闸及低电压闭锁合闸功能。

b. 35/10kV：分布式电源并网点应安装易操作、可闭锁、具有明显开断点、具备接地条件、可开断故障电流的开断设备。

c. 当分布式电源并网公共连接点为负荷开关时，宜改造为断路器；并根据短路电流水平选择设备开断能力，留有一定裕度。

4.1.1.4 无功配置

分布式电源接入系统工程设计的无功配置应满足以下要求：

（1）分布式电源的无功功率和电压调节能力应满足 Q/GDW 212—2008《电力系统无功补偿装置技术原则》、GB/T 29319—2012《光伏发电系统接入配电网技术规定》的有关规定，应通过技术经济比较，提出合理的无功补偿措施，包括无功补偿装置的容量、类型和安装位置。

（2）分布式电源系统无功补偿容量的计算应依据变流器功率因数、汇集线路、变压器和送出线路的无功损耗等因素。

（3）对于同步电机类型分布式发电系统，可省略无功计算。

（4）分布式发电系统配置的无功补偿装置类型、容量及安装位置应结合分布式发电系统实际接入情况确定，必要时安装动态无功补偿装置。

分布式电源接入系统工程设计的并网点功率因数应满足以下要求：

（1）380V 电压等级：通过 380V 并网的分布式发电系统应保证并网点处功率因数在 0.95 以上。

（2）35/10kV 电压等级：接入用户系统、自发自用（含余量上网）的分布式光伏发电系统功率因数应在 0.95 以上；采用同步电机并网的分布式电源，功率因数应在 0.95 以上；采用感应电机及除光伏外变流器并网的分布式电源，功率因数应在 1～滞后 0.95 之间。

4.1.2 分布式电源并网运行控制

分布式风电和光伏电源是分布式电源的主要组成部分，通常接入中压或低压的配电系统，可以有效地弥补大规模集中发电、输电的不足。并网运行的分布式发电系统具有有效利用电能的优点，但必须满足并网的技术要求以确保电网的可靠运行。因此为了分布式发电系统的大规模应用，阐明并网的技术要求并解决与此相关的一系列问题成了关注的热点。

4.1.2.1 风力发电并网运行控制

目前并网的风力发电系统广泛采用变速系统，通过电力电子变换装置将变速风力发电系统输出功率并入电网。风电并网需要考虑以下三个方面的问题：

（1）电能质量问题，包括无功功率、电压波动等。

（2）低电压穿越问题，低电压过渡要求在电压下降到一定限值的时候，风力发电机不脱离电网。

（3）电网故障时，风力发电机送出的故障电流问题。

将风力发电系统并网运行时，电压的幅值和相位必须与所要求的幅值和潮流方向相同。电压可通过调节变压器变比或整流/逆变器的触发角来控制。频率必须要非常精确地等于电网频率，否则系统不能正常工作。为了保证得到精确的频率，只能采用电网的频率作为逆变器开关频率的参考值。所接电网必须有足够的强度为感应式发电机提供励磁电流。

风力发电中应用比较广泛的是双馈型异步风力发电机和直驱型同步风力发电机。双馈风力发电机的控制是由转子侧变流器，即整流器和网侧变流器（即逆变器）的协作控制来完成的；直驱型永磁同步发电机并网主要由发电机侧变流器和网侧变流器构成。发电机侧变流器主要是实现对永磁同步发电机的有功、无功功率的解耦控制和转速调节，网侧变流器主要是实现输出并网，输出有功、无功功率的解耦控制和直流侧电压控制。

4.1.2.2 光伏发电并网运行控制

一般常用的光伏系统并网控制主要包含两个闭环控制环节：最大功率点控制环节和输出波形控制环节。

4.1.2.2.1　最大功率点控制环节

根据光伏电池的输出特性可知，在一定的日照强度和温度下，光伏电池只有在某一输出电压时，输出功率才能达到最大值，此值所在的点称为最大功率点（MPP）。实际的太阳能电池的输出特性由于受到日照强度、环境温度和负载情况等各种外部因素的影响，输出电压和电流会发生很大变动，从而影响输出功率，导致光伏系统效率降低。所以，对于光伏阵列工作点的调整以使其工作在最大功率点的研究是光伏系统控制的关键技术之一。

为便于说明，绘制光伏阵列的输出特性如图 4.1-2 所示。假定图中曲线 1 和曲线 2 为两个不同日照强度下光伏阵列的输出特性曲线，A 点和 B 点分别为相应的最大功率输出点；并假定某一时刻，系统运行在 A 点。当日照强度发生变化，即光伏阵列的输出特性由曲线 1 上升为曲线 2。此时如果保持负载 1 不变，系统将运行在 A' 点，这样就偏离了相应日照强度下的最大功率点。为了继续跟踪最大功率点，应当将系统的负载特性由负载 1 变化至负载 2，以保证系统运行在新的最大功率点 B。同样，如果日照强度变化使得光伏阵列的输出特性由曲线 2 减至曲线 1，则相应的工作点由 B 点变化到 B' 点，应当相应的减小负载 2 至负载 1 以保证系统在日照强度减小的情况下仍然运行在最大功率点 A。

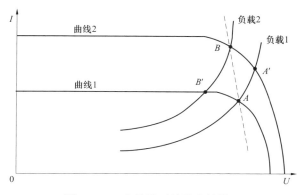

图 4.1-2　光伏阵列的输出特性图

目前的光伏系统常采用最大功率点跟踪（MPPT）的方法来实时改变系统工作状态，以跟踪光伏阵列最大功率工作点，实现最大功率输出。常见的最大功率追踪控制方法主要有恒压追踪法、扰动观察法、增量电导法等。

（1）恒压追踪法。恒压追踪法的原理：当温度一定时，太阳电池的最大功率点电压在某一个电压点两侧附近，如图 4.1-3 所示。

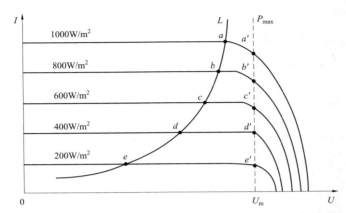

图 4.1-3　忽略温度影响时的光伏阵列输出特性与负荷匹配曲线

忽略温度效应时，光伏阵列在不同日照强度下的最大功率输出点 *a′*、*b′*、*c′*、*d′* 和 *e′* 总是近似在某一个恒定的电压值 U_m 附近。假如曲线 *L* 为负载特性曲线，*a*、*b*、*c*、*d* 和 *e* 为相应关照强度下直接匹配时的工作点。显然，如果采用直接匹配，其阵列的输出功率比较小。为了弥补阻抗失配带来的功率损失，可以采用恒定电压跟踪（CVT）方法，在光伏阵列和负载之间通过一定的阻抗变换，使得系统实现稳压器的功能，使阵列的工作点始终稳定在 U_m 附近。这样不但简化了整个控制系统，还可以保证它的输出功率接近最大输出功率，如 4.1-3 所示。采用恒定电压跟踪（CVT）控制与直接匹配的功率差值在图 4.1-3 中可以视为曲线 *L* 与曲线 $U=U_m$ 之间的面积。因而，在一定的条件下，恒定电压跟踪（CVT）方法不但可以得到比直接匹配更高的功率输出，还可以用来简化和近似最大功率点跟踪（MPPT）控制。

恒压追踪法具有易于实现、控制简单、稳定性好等优点，但是由于这种方法忽略了环境温度的影响，所以当温度变化时，太阳能电池将会偏离最大功率点，造成很大的功率损失。

（2）扰动观察法。扰动观察法是目前在 MPPT 中最常用的方法。这种方法的工作原理每隔一定的时间增加或者减少光伏阵列输出电压，并观测之后其输出功率变化方向，来决定下一步的控制信号。这种控制算法一般采用功率反馈方式，通过两个传感器对光伏阵列输出电压及电流分别进行采样，并计算获得其输出功率。

该方法虽然算法简单且易于硬件实现，但是响应速度较慢，只适用于那些日照强度变化比较缓慢的场合。在稳态情况下，这种算法会导致光伏阵列的实际工作点在最大功率点附近小幅振荡，因此会造成一定的功率损失。当日照发生快速变化时，跟踪算法可能会失效，判断得到错误的跟踪方向。

下面对经典的扰动观察算法简述如下：光伏系统控制器在每个控制周期用较小的步长改变光伏阵列的输出，即是增加或是减小光伏阵列输出的电压或电流，这一过程称为"干扰"，然后比较干扰周期前后光伏阵列的输出功率。当给定参考电压增大时，若$\Delta P > 0$，说明参考电压调整的方向正确，可以继续按原来的方向"干扰"；当给定参考电压增大时，若$\Delta P < 0$，说明参考电压调整的方向错误，需要改变"干扰"的方向。这样，光伏阵列的实际工作点就能逐渐接近当前最大功率点，最终在其附近的一个较小范围往复达到稳态。图 4.1–4 是扰动观察法的寻优过程曲线。如果采用较大的步长进行"干扰"，这种跟踪算法可以获得较快的跟踪速度，但达到稳态后的精度相对较差，较小的步长则正好相反。较好的折中方案是控制器能够根据光伏阵列当前的工作点选择合适的步长，如当已经跟踪到最大功率点附近时采用小步长。

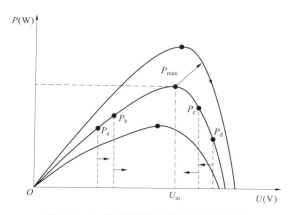

图 4.1–4　扰动观察法的寻优过程曲线

（3）增量电导法。增量电导法所依据的是光伏电池的 P—U 特性曲线，是通过调整系统的工作电压逐渐接近最大功率点电压，从而实现最大功率点的跟踪方法。它能够判断出工作点电压与最大功率点电压之间的关系。

4.1.2.2.2　输出波形控制方法

输出波形控制主要是使逆变器的输出电流能够实时跟踪电网电压。目前常用的输出波形 PWM 控制方法有三角波比较法、滞环比较法、定时比较法等。

（1）三角波比较法。三角波比较法是将指令电流 i_{ref} 与并网电流 i 的实时值进行比较，得到的电流误差通过 PI 调节器调理后与三角波比较，将电流误差控制到最小。图 4.1-5 所示为该方式控制原理图。

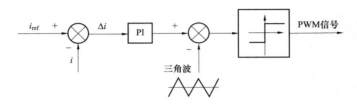

图 4.1-5　三角波比较法控制原理图

从三角波比较法的原理图和其工作原理可以看出这种方法还是存在跟随误差较大、输出波形含有与三角载波相同的频率谐波等缺点。

（2）滞环比较法。滞环比较法是将指令电流与并网电流的实时值进行比较，得到的电流误差作为滞环比较器的输入，通过滞环比较器产生控制主电路中开关通断的 PWM 信号，该信号经驱动电路控制功率器件的通断，从而控制并网电流的变化。图 4.1-6 所示为滞环比较法原理图。

滞环比较法具有很多优点，如硬件电路简单易控、实时控制、电流响应快、不需要载波等，但是这种方法的输出电流中高次谐波含量较多，又由于滞环的宽度固定，电流跟随的误差范围固定，开关器件的开关频率是变化的，这将导致电流频谱较宽，增加滤波器的设计难度。

（3）定时比较法。定时比较法是利用一个定时控制的比较器，以固定的采样周期对指令和被控制信号进行采样，之后根据两者偏差的极性来控制逆变器开关器件的通断，使 PWM 信号至少一个时钟周期变化一次。图 4.1-7 是定时比较法原理图。定时比较法可以避免功率器件开关频率过高，但是缺点是电流控制误差没有一定的环宽，控制精度低。

图 4.1-6　滞环比较法原理图　　　　图 4.1-7　定时比较法原理图

4.1.3　分布式发电孤岛运行控制

4.1.3.1　孤岛运行模式

正常运行情况下，由主供电系统及 DG 共同向周围的负荷供电，而在供电系统失压时，由 DG 独立对用户电网中的某一部分继续供电。DG 与当地负荷一起组成一个小的孤立电网称为孤岛。在孤岛运行方式下，要求孤岛内电源与负荷的容量必须是平衡的，如果功率（有功及无功）不平衡，孤岛内的电压和频率将无法维持稳定，也就无法持续运行。从运行模式上，孤岛分为计划性和非计划性孤岛。

（1）计划性孤岛：为了维持孤岛系统的稳定运行，根据分布式电源容量和本地负荷的大小，事先确定好合理的孤岛区域和控制策略，在与主系统隔离后，不需要大的调节就能够保持孤岛内功率的平衡和电压、频率的稳定。这种事先划定的孤岛区域称为计划孤岛。一般来说，计划性孤岛是 DG 对大电网的一个有利补充，可作为重要用户的一种紧急供电手段。

（2）非计划孤岛：指非计划、不受控地发生孤岛现象。它主要是指因主配电系统侧故障跳闸且 DG 带非匹配负荷运行的情况。在与主系统分开以后，非计划孤岛内的功率是不平衡的，若长时间运行，必然会导致孤岛系统中电压和频率的严重偏离，造成 DG 及其周围负荷用电设备的严重损坏。此外，在主配电系统侧故障，配电系统侧保护装置动作跳闸后，非计划孤岛系统中的 DG 仍有可能继续向故障点提供短路电流，使故障得以维持，绝缘无法恢复，将会导致系统侧重合闸、备自投或故障后配电网重构等无法正确运行。因此，需要配置孤岛保护，在非计划性孤岛时控制 DG 退出运行。

4.1.3.2 孤岛运行条件

一般标准规定，分布式并网发电系统在孤岛出现时必须 2s 内停止输出功率，这在一定程度上影响了发电系统的利用率。随着分布式发电（DG）规模、容量的扩大以及 DG 与系统并网后发电量的提高，为了最大限度地利用 DG 的发电能力，提高系统的供电可靠性，IEEE 出台了一套新的解决孤岛问题的标准 IEEE 1547—2003。该标准不再禁止有意识的孤岛存在，而是鼓励供电方和用户尽可能通过技术手段实现分布式电源在孤岛条件下继续供电运行。因此孤岛运行控制就是当并网的 DG 出现孤岛状态时，通过各种控制方法将原来的并网发电转变为独立发电模式继续供电，而当电网恢复正常时又自动再并网运行。

并网运行的 DG 转为形成孤岛运行的前提应当是电源进线系统侧断路器非正常跳闸，将系统电源和分布式电源接入的变电站解列为没有电气连接的两部分。根据不同的运行模式，可分为短时间断供电形成孤岛和不间断供电形成孤岛两类。

（1）短时间断供电形成孤岛的模式。它是指在判断 DG 所接入电网的变电站与系统的联络线出现故障时，将 DG 与母线间的接入开关迅速解列，若系统侧故障为瞬时故障，则在重合闸动作成功后，再将 DG 重新并网运行；若系统侧故障为永久故障，则通过人工手动方式将联络线接入开关和所有负荷开关断开之后，将 DG 接入相应的空载母线，然后根据 DG 的容量及其调节能力，在满足 DG 形成孤岛后能够稳定运行的条件下，将相应负荷开关逐个投入。这种模式相对简单，实现较为容易。

当 DG 的容量与负荷容量相差较大时，若采用短时间断的孤岛运行模式，从电源和负荷两方面考虑需要满足的条件有：

1）分布式电源要具备一定的调节能力并要有适当的容量裕度，从而保证孤岛运行的静态稳定性。

2）要根据 DG 容量所能承受扰动的能力和负荷的性质确定负荷投入的先后顺序，投入负荷时，尽可能地先投入启动电流较大的负荷，再投入启动电流较小的负荷。对于启动电流较大且有可能超过 DG 的调节能力范围的负荷，应该加以闭锁。

3）在满足分布式电源留有适当的调节容量的条件下，才可尽可能地多投入负荷。

（2）不间断供电形成孤岛的模式。它是指在判断系统联络线出现故障时，不将 DG 解列，而是快速跳开联络线接入开关，并根据故障前的系统侧和各负荷功率信息以及各 DG 的额定功率、调节能力，在跳开联络线接入开关的同时判断并决定是否切除部分负荷，使 DG 带全部或部分负荷直接进入孤岛运行的模式。这种模式能够不间断向孤岛内的全部或部分用户供电，提高了供电可靠性，减小对系统备用的要求，对电网公司、分布式电源所有者和用户都有利。但为保证解列后孤岛快速达到稳定运行，DG 的容量要足够大（接近或大于负荷总容量），且具备较好的调节能力，同时对电网的自动化水平要求较高，控制模式也较为复杂。

DG 要在系统故障后形成连续供电的孤岛，需要满足的条件有：

1）DG 在系统故障后经受扰动的时间（DG 不失稳运行的时间）要大于解列点的动作时间，若为了确保形成孤岛时的暂态稳定需要，在解列开关动作的同时切除部分负载时，DG 也能够不失稳运行。

2）当形成孤岛的过程中需要实时减载时，要能够根据 DG 的稳定性能和孤岛内的实际功率和负荷性质切除部分负载，减载后 DG 要有足够的备用容量保证孤岛的静态稳定性。

3）孤岛稳定运行后，如 DG 的容量允许，才可有选择地再投入部分负载，此时同样要留有一定的备用容量以便负荷变化时孤岛能够稳定运行。

当孤岛内有多个 DG 时，为确保形成孤岛时的暂态稳定和孤岛运行时的静态稳定，最大容量的 DG 应具有较好调节能力，最好采用生物质能、垃圾发电等汽轮发电机组。如果 DG 全是经电力电子逆变器并网的风力发电机组或光伏发电系统，受其自身特性的限制，在有大扰动的情况下难以维持系统的稳定运行。

4.1.3.3 孤岛运行控制方法

间断性供电形成孤岛的控制可采用手动和自动两种控制方式。

（1）手动控制方式指人工操作断开变电站系统进线开关和各路负荷开关后，重启 DG 并空载接入，再根据运行经验依次合闸带上相应的负荷。

（2）自动控制则是利用自动化系统，在判断变电站系统进线开关和各路负荷开关均断开以后，将 DG 空载并入母线，再根据故障前母线处各线路的负荷功率值，按孤岛能够稳定运行的要求依次逐个的带负荷运行。如果所形成的孤岛中含有多个分布式电源，则控制系统应按 DG 容量的大小依次将 DG 并入母线。系统故障恢复后，DG 要重新并网运行，在并网前，无论采用手动或自动控制方式均需先断开 DG 的接入开关，待确认母线无压后才可合上系统联络线进线开关，等变电站正常运行后再将 DG 重新并网运行。

电网中形成分布式光伏孤岛的主要原因有上级电网线路故障、频率、电压越限和振荡失步等。当电网故障无法及时恢复的时候，分布式光伏应该能带起尽可能多的负荷。另外，分布式光伏孤岛数目越少，越便于操作和故障恢复。

在分布式光伏系统中，要实现孤岛运行首先要满足两个必要条件：① 电量平衡约束，即孤岛内功率基本平衡；② 传输线安全约束，即孤岛内各线路及设备的负荷应在稳态安全约束范围内。

孤岛运行控制的关键是并网逆变器实现高性能的输出电压控制。并网逆变器处于孤岛运行状态后，一旦检测到负载电压超出正常范围，并网逆变器的工作模式由输出电流控制变为输出电压控制，维持电压幅值和频率满足本地负载运行要求。即使并网逆变器处于孤岛运行状态，如果并网逆变器输出电压满足负载正常运行要求，并网逆变器仍可处于电流控制模式，若输出电压超出正常范围，并网逆变器切换到电压控制模式，以维持稳定的负载电压和频率。电压控制模式下孤岛内负载端电压的稳定，需要分布式光伏系统的功率调整。

4.1.4 功率控制和电压调节

4.1.4.1 有功功率控制

通过 10（6）～35kV 电压等级并网的分布式电源应具有有功功率调节能力，并能根据电网频率值、电网调度机构指令等信号调节电源的有功功率输出，确保分布式电源输出功率偏差及功率变化率不超过电网调度机构的给定值，以确保电网故障或特殊运行方式时电力系统的稳定。

4.1.4.2 电压/无功调节

分布式电源参与配电网电压调节的方式包括调节电源的无功功率、调节无功补偿设备投入量以及调整电源变压器的变比。

通过 380V 电压等级并网的分布式电源电压调节按以下规定：

（1）同步发电机类型和变流器类型分布式电源，应备保证并网点处功率因数在 0.95（超前）～0.95（滞后）范围内可调节的能力。

（2）异步发电机类型分布式电源，应具备保证并网点处功率因数在 0.98（超前）～0.98（滞后）范围可调节的能力。

通过 10（6）～35kV 电压等级并网的分布式电源电压调节按以下规定：

（1）同步发电机类型分布式电源，应具备保证并网点处功率因数在 0.95（超前）～0.95（滞后）范围内连续可调的能力，并可参与并网点的电压调节。

（2）异步发电机类型分布式电源，应具备保证并网点处功率因数在 0.98（超前）～0.98（滞后）范围自动调节的能力，有特殊要求时可做适当调整以稳定电压水平。

（3）变流器类型分布式电源，应具备保证并网点处功率因数在 0.98（超前）～0.98（滞后）范围内连续可调的能力，有特殊要求时可做适当调整以稳定电压水平。在其无功输出范围内，应具备根据并网点电压水平调节无功输出，参与电网电压调节的能力，其调节方式和参考电压、电压调差率等参数应可由电网调度机构设定。

4.1.4.3 电能质量改善措施

（1）稳态电压控制。对于电压偏差等电压偏离理想状态的稳态或准稳态电能质量问题，可以采用常规的电压控制手段或者安装无功补偿设备来解决。例如，通过调节励磁电流等手段，改变发电机组的功率因数，控制发电机组输出的无功功率来控制电压；改变变压器的分接头位置，从而改变变压器的变比来调压；改变线路参数来调整电压。

（2）动态电压控制。对于电压波动与闪变、电压暂降等动态或暂态电能质量问题，应该采用输出能力具有快速响应特性的无功补偿设备，包括静止无功补偿器（SVC）、静止同步补偿器（STATCOM）、动态电压恢复器（DVR）、配电系统电能质量统一控制器等。

（3）电压不平衡度控制。为了维持三相系统的电压平衡，应该尽可能地将所有的单相负荷和单相分布式电源均衡地安排在不同的相上。此外，选用联结组别为 Dyn11 的变压器，可以减小零序阻抗，有助于降低三相负荷不平衡的影响。对于确定会有三相电压不平衡问题的场合，也可以采用分相控制的无功补偿装置，如 STATCOM、DVR 等，进行不平衡状态的补偿。

（4）电网谐波的抑制。抑制谐波电流主要有两个方面的措施：① 抑制谐波源的谐波电流发生量；② 在谐波源附近将谐波电流就地吸收或抵消。

1）限制分布式电源的谐波电流发生量。考虑到分布式电源的并网需求，可以对分布式发电机组本身及并网进口进行设计改造，使其不产生谐波或产生的谐波在相关标准可接受的范围内。这是解决分布式电源谐波问题的最重要的方法之一。

2）用滤波器就地吸收谐波源发出的谐波电流。采用电力滤波器就地吸收谐波源所产生的谐波电流，是抑制谐波污染的有效措施。根据滤波原理，电力滤波器可分为无源滤波器、有源滤波器以及两者的组合——混合滤波器。

无源滤波器技术简单、运行可靠、维护方便、成本较低，因此在电力系统中得到了广泛的应用，迄今为止仍是使用最普遍的抑制谐波的方式。其缺点主要是补偿特性受到电网阻抗和运行状态的影响，易和系统发生并联谐振，导致 LC 滤波器过载甚至烧毁。有源滤波装置是谐波抑制研究的一个重要趋势。有源电力滤波器（APF）是一种动态无功补偿和抑制谐波的新型电力电子补偿器，由静态功率变流器构成，具有电力电子变流器的高可控性和快速响应性。更重要的是，它能主动向交流电网注入补偿电流，从而抵消谐波源所产生的谐波电流。APF 对频率和幅值都可以进行跟踪，可以实时对谐波进行补偿，并且补偿特性不受电网阻抗的影响，因而受到广泛的重视和越来越多的应用。

（5）直流分量的抑制。目前，抑制直流分量的措施主要有限流和隔离直流两类，主要方式有中性点注入反向直流电流、中性点串联电阻、中性点串联电容器、交流输电线串联电容、改善电网中直流电流的分布等方式。

4.1.4.4 利用分布式电源改善电能质量

虽然分布式电源的引入会给系统带来一些电能质量问题，但是分布式电源也存在改善电能质量的潜力。

（1）分布式电源具有备用和应急功能。分布式电源单机容量小、机组数目多，分布也比较分散，启动和停机便捷迅速，运行控制具有很强的灵活性。在相关控制策略下，分布式电源只需很短的时间就可以投入使用，也可以根据需要迅速退出运行。

如果分布式电源能够在电网发生故障和扰动时继续保持运行，或者能转作备用电源，对于减小停电范围或者缩短停电时间都是很有帮助的，对于很多节点的电压暂降问题也都有抑制作用。

（2）根据负荷变动协调控制。分布式电源和电力用户距离很近，容易实现有功功率的就近提供和无功功率的就近补偿，而且输电损耗小。在传统的配电网中，当用户负荷突然大量增加或大量减少时，供电线路的电压会明显降低或升高。如果用户负荷的变动数量大而且是动态变化，那么还会造成电压波动与闪变等问题。当分布式电源与当地负荷能够协调运行（分布式电源输出与负荷同步变化）时，将抑制系统电压的波动。具体而言也就是：若能将分布式电源也纳入电网的统一调度管理，那么在用户负荷突然大量增加或减小时，就可以相应调整分布式电源的输出功率，以补偿或抵消负荷的功率变动，从而抑制电压的变动。

（3）专配的补偿装置对改善系统电压质量也有帮助。很多分布式电源在接入电网时，往往都配备一些无功补偿装置或储能装置。这些补偿装置连接在分布式电源的接入点，在对分布式电源本身的电能质量问题进行补偿的同时，也必然对配电网中原有的电能质量问题有改善作用。

分布式电源及并网变流器兼做补偿设备。分布式电源的并网换流器，与有源电力滤波器、静止无功发生器等电能质量调节装置所用的电路结构、控制技术有很大程度的相似性，这就为两类设备的优化配置提供了可能性。优化配置系统利用现有电力电子设备吸收或释放有功、无功功率，从而不仅实现了电能的传输转换，而且改善了系统的电能质量，减少了系统的额外投资。

当然分布式电源自身的电力电子转换设备不可能完全代替传统电网中改善电能质量的技术设备。但是，如果将分布式电源应用到配电网的柔性电力技术中去，不仅可以提高电能质量水平，还可以减少无源滤波器和有源滤波器的使用，节约大量的谐波治理的投资，会带来巨大的经济和社会效益。

4.2 分布式电源的营销管理

4.2.1 分布式电源报装

分布式电源报装的流程主要有并网申请、接入系统方案审查、设计审查、工程实施、并网运行等步骤，其报装流程如图 4.2-1 所示。

① 并网申请 ➡ ② 接入系统方案审查 ➡ ③ 设计审查 ➡ ④ 工程实施 ➡ ⑤ 并网运行

图 4.2-1　分布式电源报装流程图

在电网公司营销系统中，分布式电源新装流程化实现分布式电源报装的并网申请业务受理、勘查派工、现场勘查、制定接入方案、组织接入方案审查、答复接入方案、用户确认、受理设计审查申请、设计文件审查、答复审查意见、受理并网验收申请、组织并网验收、安装计量装置、签订合同、组织并网、信息归档、资料归档立户的全过程管理，满足分布式电源客户的报装需求，营销系统中分布式电源报装流程如表 4.2-1 所示。

表 4.2-1　　　　　　　　营销系统中分布式电源报装流程

序号	业务项	描　述
1	并网申请业务受理	接收并审查客户资料，了解客户同一自然人或同一法人主体的其他分布式电源项目地址的发电情况及客户前期咨询、服务历史信息，接受客户的报装申请
2	勘查派工	接收到分布式电源项目申请信息后，进行现场勘查工作派工
3	现场勘查	根据派工结果或事先确定的工作分配原则，接受勘查任务，与客户沟通确认现场勘查时间，组织相关部门进行现场勘查，核实分布式电源项目建设规模（本期、终期）、开工时间、投产时间、用电情况、并网点信息以及现场供电条件，对供电可能性和合理性进行调查，初步提出设备选型、产权分界点设置、计量关口点设置、关口电能计量方案等
4	制定接入方案	根据现场勘查结果，确定系统一次和二次方案及设备选型、产权分界点设置、计量关口点设置、关口电能计量方案等，形成分布式电源接入方案
5	组织接入方案审查	根据现场勘查结果，制定设备选型、产权分界点设置、计量关口点设置、关口电能计量方案等，形成分布式电源接入方案

序号	业务项	描　述
6	答复接入方案	根据审查确认后的接入方案，书面答复客户
7	用户确认	答复用户接入方案确认单后，接收用户确认意见
8	受理设计审查申请	根据国家相关设计标准，接收客户接入系统工程设计图纸及其他设计资料，受理设计审查申请
9	设计文件审查	根据国家相关设计标准，审查客户接入系统工程设计图纸及其他设计资料，在规定时限内答复审核意见
10	答复审查意见	根据审查确认后的接入系统工程的设计文件，书面答复客户
11	受理并网验收申请	根据国家相关设计标准，接收客户接入系统工程设计图纸及其他设计资料，受理设计审查申请
12	组织并网验收	根据客户提供的分布式电源项目并网验收和调试资料，组织相关部门对分布式电源项目进行并网验收及并网调试
13	安装计量装置	引用计量点管理业务类"投运前管理"完成配、领、装等计量装置工作
14	签订合同	引用供用电合同管理的"合同新签"
15	组织并网	并网验收及并网调试通过后组织并网运行
16	信息归档	建立客户信息档案，形成正式客户编号
17	资料归档	审核后，收集并整理报装资料，完成资料归档。引用客户档案资料管理业务类"档案资料管理""登记存档管理"业务子项

4.2.1.1　用户办理流程

4.2.1.1.1　提交并网申请

分布式电源项目受理可按照属地化原则，业主向所属地客户服务中心或县公司客户服务中心提出并网申请，提交相关支持性文件和资料。业主也可以通过电 e 宝 APP 端发起分布式项目新装申请确认流程、在供电公司营销业务系统完成相关流程操作时，能同步相关环节信息到 APP 端进行操作、信息查询。

电网公司对分布式电源客户报装业务实行营业厅"一证式受理"，在收到客户用电主体资格证明并签署"承诺书"后，正式受理用电申请，现场勘查时收集齐所有报装资料。用户需要提供的报装资料如下：

（1）自然人客户提交的申请资料：① 接入申请单；② 客户有效身份证明；③ 房屋产权证明（复印件）或其他证明文书；④ 物业出具同意建设分布式电源的证明材料。

（2）法人客户提交的申请资料：① 接入申请单；② 客户有效身份证明（包括营业执照、组织机构代码证和税务登记证）；③ 土地合法性支持性文件；④ 发电项目前期工作及接入系统设计所需资料；⑤ 政府主管部门同意项目开展前期工作的批复（需核准项目）。分布式电源接入申请表样式如表 4.2-2 所示。

表 4.2-2　　　　　　　　　　分布式电源接入申请表

项目编号		申请日期	年　月　日
项目名称			
项目地址			
项目类型	□光伏发电　□天然气三联供　□生物质发电　□风电 □地热发电　□海洋能发电　□资源综合利用发电（含煤矿瓦斯发电）		
项目投资方			
项目联系人		联系人电话	
联系人地址			
装机容量	投产规模_____kW 本期规模_____kW 终期规模_____kW	意向并网电压等级	□35kV □10（含6、20）kV □380（含220）V □其他
发电量意向消纳方式	□全部自用 □自发自用、余电上网	意向并网点	□　个
计划开工时间		计划投产时间	
核准规定	□省级核准　□地市级核准　□省级备案　□地市级备案　□其他		
用电情况	年用电量（_____kWh） 装接容量（_____kVA）	主要用电设备	
业主提供资料清单	一、自然人申请需提供：经办人身份证原件及复印件、房产证（或乡镇及以上级政府出具的房屋使用证明。 二、法人申请需提供：① 经办人身份证原件及复印件和法人委托书原件（或法定代表人身份证原件及复印件）；② 企业法人营业执照、土地证项目合法性支持性文件；③ 政府投资主管部门同意项目开展前期工作的批复（需核准项目）；④ 发电项目（多并网点 380/220V 接入、10kV 及以上接入）前期工作及接入系统设计所需资料；⑤ 用电电网相关资料（仅适用于大工业用户）		

续表

本表中的信息及提供的文件真实准确，谨此确认。	客户提供的文件已审核，接入申请已受理，谨此确认。		
申请单位：（公章）	受理单位：（公章）		
申请个人：（经办人签字）			
年　　月　　日	年　　月　　日		
受理人		受理日期	年　　月　　日

告知事项：1. 本表信息由客服中心录入，申请单位（个人用户经办人）与客服中心签章确认。
　　　　　2. 同一新装客户业扩报装申请与分布式电源接入申请分开受理。
　　　　　3. 分布式电源接入系统方案制订应在用户业扩报装接入系统方案审定后开展。
　　　　　4. 合同能源管理项目、公共屋顶光伏项目，还需提供建筑物及设施使用或租用协议。
　　　　　5. 年用电量：对于现有用户，为上一年度用电量；新报装用户，依据报装负荷折算。
　　　　　6. 本表1式2份，双方各执1份。

注　对于住宅小区居民使用公共区域建设分布式电源，需提供物业、业主委员会或居民委员会的同意建设证明。

4.2.1.1.2　接入方案审查阶段

对于 380V 接入项目，项目业主进行接入系统方案确认并根据确认的接入系统方案开展项目核准（或备案）和工程建设等工作；35、10kV 接入项目，项目业主进行接入系统方案确认并根据接入电网意见函开展项目核准（或备案）和工程设计等工作。

（1）设计审查和工程实施阶段。对于 35、10kV 接入项目，项目业主在项目核准（或备案）后、在接入系统工程施工前，将接入系统工程设计相关资料（见表 4.2–3）提交地市或县级公司客户服务中心。项目业主在设计审查后，根据设计审查答复意见开展接入系统工程建设等后续工作。

（2）并网运行阶段。建设完成后，项目业主到地市或县级公司客户服务中心进行并网调试申请，填写并网验收和并网调试申请表（见表 4.2–4）并提交相关资料（见表 4.2–5）。

表 4.2-3　　　　　35、10kV 设计审查需提供的资料清单

序号	资　料　名　称
1	项目核准（或备案）复印件
2	设计单位资质复印件
3	接入工程初步设计报告、图纸及说明书
4	隐蔽工程设计资料
5	高压电气装置一、二次接线图及平面布置图
6	主要电气设备一览表
7	继电保护方式
8	电能计量方式
9	项目建设进度计划

表 4.2-4　　　　　分布式电源并网验收和并网调试申请表

项目编号		申请日期	年　月　日	
项目名称				
项目地址				
项目类型	□光伏发电□天然气三联供□生物质发电□风电 □地热发电□海洋能发电□资源综合利用发电（含煤矿瓦斯发电）			
项目投资方				
项目联系人		联系人电话		
联系人地址				
并网点	___个	接入方式	T 接___个 专线接入___个	

并网点位置、电压等级、发电机组（单元）容量简单描述

并网点 1	
并网点 2	
并网点 3	
并网点 4	
并网点 5	
...	

续表

本表中的信息及提供的资料真实准确,单位工程已完成并网前验收、调试,具备并网调试条件,谨此确认。 申请单位:(公章) 申请个人:(经办人签字) 年　月　日	客户提供的资料已审核,并网申请已受理,谨此确认。 受理单位:(公章) 年　月　日
受理人	受理日期　　　　　年　月　日

告知事项:
1. 具体并网调试时间将电话通知项目联系人;
2. 本表 1 式 2 份,双方各执 1 份。

表 4.2-5　　　　分布式电源并网验收和并网调试需提供的资料清单

序号	资 料 名 称	380V 项目	10kV 逆变器类项目	35kV 项目、10kV 旋转电机类项目
1	若需核准(或备案),提供核准(或备案)文件	√	√	√
2	若委托第三方管理,提供项目管理方资料(工商营业执照、税务登记证、与用户签署的合作协议复印件)	√	√	√
3	施工单位资质复印件[承装(修、试)电力设施许可证、建筑企业资质证书、安全生产许可证]	√	√	√
4	项目可行性研究报告		√	√
5	接入系统工程设计报告、图纸及说明书		√	√
6	主要电气设备一览表		√	√
7	主要设备技术参数、型式认证报告或质检证书,包括发电、逆变1、变电、断路器、隔离开关等设备	√	√	√
8	并网前单位工程调试报告(记录)	√	√	√
9	并网前单位工程验收报告(记录)	√	√	√
10	并网前设备电气试验、继电保护整定、通信联调、电能量信息采集调试记录	√	√	√
11	并网启动调试方案			√
12	项目运行人员名单(及专业资质证书复印件)			√

注　光伏电池、逆变器等设备,需取得国家授权的有资质的检测机构检测报告。

　　并网验收及并网调试申请受理后,等待地市公司客户服务中心工作人员安装关口计量和发电量计量装置以及与电网签订购售电、供用电和调度方面的合同。

在电能计量装置安装、合同与协议签订工作完毕后，项目业主等待电网相关部门开展项目并网验收及并网调试，出具并网验收意见（见表4.2-6）。

表 4.2-6　　　　　　　　　分布式电源并网验收意见单

项目编号		申请日期	年　月　日
项目名称			
项目地址			
项目类型	□光伏发电 □天然气三联供 □生物质发电 □风电 □地热发电 □海洋能发电 □资源综合利用发电（含煤矿瓦斯发电）		
项目投资方			
项目联系人		联系人电话	
联系人地址			
主体工程完工时间		业务性质	□新建 □扩建
发电量意向消纳方式	□全部自用 □自发自用剩余电量上网	意向并网点	□个
装机容量	投产规模　　kW 本期规模　　kW 终期规模　　kW	意向并网电压等级	□35kV □10（含6、20）kV □380（含220）V □其他
并网点	个	接入方式	T 接____个 专线接入____个

现场验收人员填写

验收项目	验收说明	验收结论	验收项目	验收说明	验收结论
线路（电缆）			防孤岛保护测试		
并网开关			变压器		
继电保护			电容器		
配电装置			避雷器		
其他电气试验结果			作业人员资格		

续表

计量装置		计量点位置		
并网验收整体结论：				
验收负责人签字		经办人签字		
告知事项：并网验收通过后，请配合电网企业可以开展并网调试工作。				

并网调试通过后直接转入并网运行，若验收或调试不合格，按照电网相关部门整改方案进行整改。

分布式电源涉网设备，需纳入电网管理。分布式电源并网点开关（属用户资产）的倒闸操作，须经地市供电公司和项目方人员共同确认后，由地市公司相关部门许可。

分布式光伏发电项目应在项目所在地发展改革部门取得备案证，应同时符合能源主管部门有关年度规模指标管理要求，项目投产后按照国家可再生能源补助目录管理规定进行补助目录申报工作。

4.2.1.2 电网公司报装管理流程

4.2.1.2.1 接入申请受理

地市或县级公司客户服务中心地市或县级公司客户服务中心负责受理分布式电源接入申请，协助项目业主填写接入申请表（见表 4.2-2），接收相关支持性文件和资料并组织完成项目现场勘查。

第一类分布式电源是指 10kV 及以下电压等级接入，且单个并网点总装机容量不超过 6MW 的分布式电源。

第二类分布式电源是指 35kV 电压等级接入，年自发自用电量大于 50% 的分布式电源；或 10kV 电压等级接入且单个并网点总装机容量超过 6MW，年自发自用电量大于 50% 的分布式电源。

地市公司客户服务中心负责将接入申请资料存档，报地市公司发展部。地市公司发展部通知地市经研所制订接入系统方案。

4.2.1.2.2 接入系统方案确定

地市经研所负责研究制订接入系统方案。接入系统研究内容深度按国家和公司有关要求执行，参考 Q/GDW 1480—2015《分布式电源接入电网技术规定》。

客服中心负责组织发展部、营销部、运检部、调控中心、经研所等相关部门审定通过客户专用变压器 380V 并网项目、多并网点 380（220）V 接入项目的接入系统方案，并将接入系统方案确认单推送至相关受理单位。

地市公司发展部负责组织相关部门审定 35、10kV 接入项目（对于多点并网项目，按并网点最高电压等级确定）接入系统方案，出具评审意见和接入电网意见函并转至客服市场。

地市或县级公司营销部（客户服务中心）负责将 380V 接入项目的接入系统方案确认单，或 35、10kV 接入项目的接入系统方案确认单、接入电网意见函告知项目业主，负责受理并安排接入系统方案咨询。

35、10kV 接入项目，地市公司发展部负责将项目业主填写的接入系统方案确认单、接入电网意见函，及时抄送地市公司财务部、运检部、营销部、调控中心、信通公司，并报省公司发展部备案。

项目业主根据接入电网意见函开展项目核准（或备案）和工程设计等工作。

公司为自然人分布式光伏发电项目提供项目备案服务，对于自然人利用自有住宅及其住宅区域内建设的分布式光伏发电项目，地市公司发展部收到项目接入系统方案确认单后，根据当地能源主管部门项目备案管理办法，按月集中代自然人项目业主向当地能源主管部门进行项目备案，备案文件抄送地市公司财务部。

4.2.1.2.3 接入系统工程建设

地市（县）公司负责公共电网改造工程建设（包括随公共电网线路架设的通信光缆及相应公共电网变电站通信设备改造等）。电网公司为公共电网改造工程建设开辟绿色通道。

35、10kV 接入项目，地市（县）公司客户服务中心负责将接入系统工程施工前项目业主提供的接入系统工程设计相关资料存档，组织发展部、运检部、调控中心等部门（单位）审查接入系统工程设计，并出具答复意见并告知项目业主、抄送调控中心。

项目业主根据答复意见开展接入系统工程建设等后续工作。若审查不通过，提出修改方案。

4.2.1.2.4 并网验收及调试

地市（县）公司客户服务中心负责受理项目业主并网验收及并网调试申

请，协助项目业主填写并网验收和并网调试申请表（见表 4.2-4），接收、审验、存档相关资料（见表 4.2-5），并报运检部、调控中心。

地市（县）公司各客服中心按照统一合同文本办理发用电合同签订工作，具体要求如下：

（1）根据电压等级、发电项目业主与用户是否为同一法人等条件，正确选择国家电网公司规定的合同模板，拟订发用电合同并与客户签订。

（2）调控中心负责起草并与发电项目业主签订 35、10kV 以及审查 380V 接入项目发用电合同的有关调度内容 35、10kV 分布式电源接入项目设备纳入调控中心调度管辖范围，接入电网开关的倒闸操作，由调控中心与项目方人员确认后批准；380V 接入项目，开关倒闸操作由各受理单位与项目方人员确认后批准。

（3）合同提交本级发展部、营销部、财务部、运检部、调控中心、法律等相关部门会签。

各供电单位负责各自受理项目的电能计量表计的安装和采集计量装置的安装、运维。分布式电源的发电出口以及与公用电网的连接点均应安装具有电能信息采集功能的计量表，实现对分布式电源的发电量和电力用户上、下网电量的准确计量。所有分布式电源项目在并网验收时须同时检查其计费计量点是否接入采集装置，确保分布式电源项目接入电能量采集系统或营销用电信息采集系统。

各单位和部门按职责分工组织分布式电源并网验收、调试工作。其中：35、10kV 接入且非企业自备发电项目，调控中心负责组织相关部门开展项目并网验收工作，出具并网验收意见，并开展并网调试有关工作，调试通过后直接转入并网运行；380（220）V 接入项目，由各供电单位组织相关部门开展项目并网验收及调试，出具并网验收意见，验收调试通过后直接转入并网运行。若验收调试不合格，提出整改方案。

各单位受理的光伏发电项目由各单位协调相应的配电运检单位（部门）参加并网验收与调试，并网验收与调试的必备条件：① 分布式电源项目已完成工程验收，并在现场安装调试完毕；② 项目工程建设所需的设计图纸已完成，并经双方确认；③ 分布式电源与电网调度机构的通信通道已开通，并满足有关技术要求，同时采用模拟主站的方式，与相关调度端要求的信息调试已完成，并达到调度端的要求；④ 分布式电源电能计量装置（含采集设备）已安装完成；

⑤ 发用电合同与调度协议签订完毕分布式电源并网验收需进行接入配电网的设备测试,测试项目(见表 4.2–6 中所列项目)均需出具书面测试报告作为验收资料留存。

分布式电源接入配电网时,运检部门应对相关技术参数进行校核,具体技术要求:① 分布式电源接入 220V 配电网前,应校核接入台区中三相各已接入的容量,合理选择接入相别,避免三相容量不平衡。② 当接入容量超过本台区配变额定容量 25%时,相应公网配电变压器低压侧刀熔总开关应改造为低压总开关,并在配电变压器低压母线处装设反孤岛装置;低压总开关应与反孤岛装置间具备操作闭锁功能,母线间有联络时,联络开关也应与反孤岛装置间具备操作闭锁功能。

4.2.1.2.5 国家补贴资金管理

分布式光伏发电的补助资金是由国家财政部拨付、电网企业转付,电网企业收到国家财政部拨付补助资金后,根据国家补助资金管理规定,按照相关程序转付给项目业主(或电力用户)。

4.2.1.2.6 并网信息管理

发展部负责分布式电源并网信息归口管理。

4.2.1.2.7 并网咨询服务

客户服务中心负责分布式电源并网咨询服务归口管理,提供并网咨询服务包括 95598 服务热线、网上营业厅、地市和县公司客户服务中心。

4.2.2 分布式发电计量

4.2.2.1 分布式发电的计量表

分布式发电既可以作为电源向电网送电,又可以作为用户从电网吸收电能,分布式电源发电量可以全部自用或自发自用剩余电量上网,由用户自行选择,用户不足电量由电网提供。

分布式发电系统接入配电网前,应明确上网电量和下网电量关口计量点,计量点原则上设置在产权分界点,上、下网分开计量,分别结算。产权分界处按国家有关规定确定,产权分界点可能在户外,或者其他特殊并网位置,不适应安装电能计量装置的,关口计量点的可以由分布式电源业主与电网企业协商确定。分布式电源发电系统并网点应设置并网电能表，用于分布式电源发电量统计和发电电价补偿。

分布式发电的计量表按照计量用途分为两类：① 关口计量电能表，装于关口计量点，用于用户与电网间的上下网电量分别计量；② 并网电能表，装于分布式电源并网点，用于发电量统计，为发电电价补贴提供数据。上、下网电量分开结算，电价执行国家相关政策。

运营模式为自发自用时，需配置专用关口计量电能表，并要求将计费信息上传至运行管理部门。当运营模式为自发自用且余量不上网时，也可安装常规用户配置关口电能表。

每个计量点均应装设电能计量装置，其设备配置和技术要求符合 DL/T 448《电能计量装置技术管理规程》，以及相关标准、规程要求。分布式电源的发电出口以及与公用电网的连接点均应安装具有电能信息采集功能的计量表，实现对分布式电源的发电量和电力用户上、下网电量的准确计量。电能表采用智能电能表，技术性能应满足国家电网公司关于智能电能表的相关标准。

为保证计量的合格性及公正性，计量表的安装需经电网与电源双方认可，并由相应资质的电能计量检测机构对电能计量装置完成相应检测。分布式电源并网运行信息采集及传输应满足电监会令第 5 号《电力二次系统安全防护规定》等相关制度标准要求。

通过 10（6）～35kV 电压等级并网的分布式电源的同一计量点，应安装同型号、同规格、准确度相同的主、副电能表各一套。主、副电能表应有明确标志。

4.2.2.2 分布式发电并网计量方案

分布式发电并网根据并网方式不同，计量方案也有所不同。常用的主要有：① 分布式电源 T 接接入 380V 配电网计量方案，如图 4.2-2 所示；② 分布式电源接入 220V 配电网计量方案如图 4.2-3 所示。

分布式电源并网前，具有相应资质的单位或部门完成电能计量装置的安装、校验以及结合电能信息采集终端与主站系统进行通信、协议和系统调试，分布式发电电源产权方应提供工作上的方便。电能计量装置投运前，应由电网企业和分布式发电电源产权归属方共同完成竣工验收。

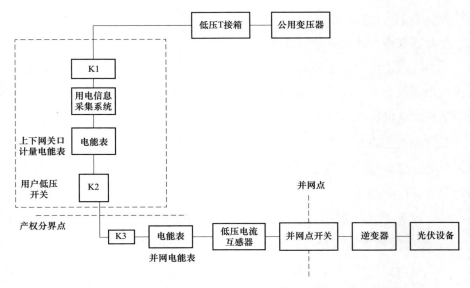

图 4.2-2　分布式发电计量方案图（380V 并网 T 接入 380V 配电网）

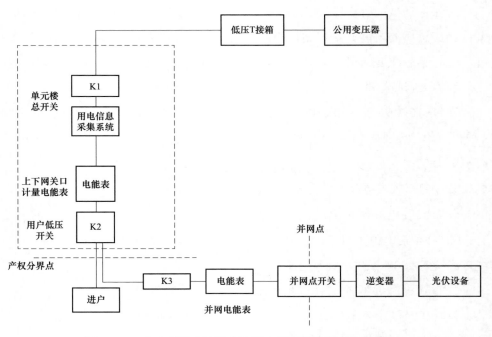

图 4.2-3　分布式发电计量方案图（并网接入 220V 配电网）

4.2.2.3 分布式发电电费结算

（1）抄表管理。分布式电源项目完成并网验收和关口电能计量装置的调试安装后，发电客户须按要求填制分布式光伏发电项目备案登记表和财务信息，并转交属地发展和财务部门，以便录入国家补助目录清单，地（县）级客户服务中心将客户所有资料、合同整理归档，将移交到项目属地客户服务中心。地（县）级客户服务中心负责建立分布式电源项目业主发、用电基础信息档案卡和抄表信息卡，档案卡汇总成单独档案册备存。

（2）营销系统中分布式电源的抄表管理。在 SG186 系统中要依据用户用电编号配置分布式电源项目抄表段，发电抄表信息和余电上网抄表信息分开配置。分布式电源发电客户，分配抄表段时，必须与关联的用电客户分配在同一个抄表段中。

按照一般用户抄表周期（或按发用电合同约定日期）抄表，抄录用户发电侧、上网侧和下网侧（销售侧）电表码，并在电源业主档案册和 SG186 营销业务系统同步登记。上、下网电量应同步抄表。同一抄表周期内，分布式光伏项目的发电量应大于或等于上网电量。

根据分布式电源项目当月抄录的发电量与发电补贴标准，计算分布式发电项目发电补贴补助金额；根据余电上网电量数据与分布式发电项目上网电价上网电费结算金额。

发电客户电费发行后，营销系统可以生成电源客户电费结算单，并可查看应付明细。

分布式光伏发电项目不收取系统备用费；分布式光伏发电系统自用电量不收取随电价征收的各类基金和附加。其他分布式电源系统备用费、基金和附加执行国家有关政策。

根据国家税务总局相关文件要求，对自然人和小微企业免收发电收入增值税。对于自然人分布式电源项目由供电部门代开分布式电源应付信息发票，发票记录的信息为电力公司应支付给用户的购电金额，其他法人客户需根据发电量和上网电量分别开具相应发票，分布式电源用户凭发票，由电力相关部门转账支付分布式电源应付补贴和购网电费金额。

结算实例：自然人光伏发电客户杨先生，有一套发电容量为 3kW 的光伏发电设备，于 2014 年并网，2018 年 1～12 月发电量合计为 3055kWh，其中 2018 年余电上网量累计为 1045kWh，自发自用电量累计为 2010kWh。可享受的国家发电补贴标准为 0.42 元/kWh，光伏发电上网电价执行 2018 年当地燃煤标杆上网电价为 0.416 1 元/kWh。

则该发电客户发电补贴为 0.42×3055=1283.1（元），余电上网售电费为 0.416 1×1045=434.82（元），客户自发自用电量部分节省电费 0.558 元/kWh（用户目录电价）×2010kWh（自发自用电量）=1121.58（元）。则 2018 年光伏发电收益为 1283.1+434.82=1717.92（元）。加上自发自用电量部分节省电费 1121.58 元，该发电客户 2018 年全年实际光伏发电收益为 2839.5 元。

4.3　光伏电源并网设备

光伏电源并网设备主要有光伏电池组件、逆变器、防雷汇流箱、交流保护开关、直流开关和计量仪器等，以下主要介绍光伏电池组件、光伏控制器、逆变器和防雷汇流箱。

4.3.1　光伏电池组件

4.3.1.1　单晶硅光伏组件

单晶硅光伏组件硅材料资源丰富，对环境没有污染；硅材料密度低、质量轻、强度高，技术成熟、组件转换效率高。单晶硅光伏组件如图 4.3-1 所示，单晶硅光伏组件技术参数如表 4.3-1 所示。

图 4.3-1　单晶硅光伏组件

4.3.1.2　多晶硅光伏组件

多晶硅光伏组件生产工艺简单，适合大规模生产；相对于单晶太阳能电池，转换效率略低；发电特性稳定，使用寿命长。多晶硅光伏组件如图 4.3-2 所示，多晶硅光伏组件技术参数如表 4.3-2 所示。

表 4.3-1 单晶硅光伏组件技术参数

产品名称		单晶硅光伏组件		产品示意图
	型号	DBP145	DBG190	
电气参数	最大输出功率 P_{m}（W）	145	190	
	功率误差（%）	±5	±5	
	最佳工作电压 U_{mp}（V）	27.0	36.0	
	最佳工作电流 I_{mp}（A）	5.38	5.28	
	开路电压 U_{oc}（V）	32.6	43.5	
	短路电流 I_{sc}（A）	5.84	5.73	
	电池片转换效率 η_{c}（%）	17.3	17.1	
	最大系统电压（V）	1000		
	工作温度（℃）	−40～85		
	最大功率温度系数 T_{k}（P_{m}）	−0.46%/K		
	开路电压温度系数 T_{k}（U_{oc}）	−0.356%/K		
	短路电流温度系数 T_{k}（I_{sc}）	+0.024%/K		
机械参数	断层结构（mm）	3.2 绒面钢化玻璃+0.5EVA +电池片+0.5EVA+0.35TPT		
	出极方式	背面		
	电缆线规格	4mm²/900mm		
	产品尺寸（mm）	1198×807×35	1579×807×35	
	产品质量（kg）	11.8	15.8	
	可抗风压（kN/m²）	2.4		
	产品寿命	出厂后 20 年内输出功率不低于稳定功率的 80%		
	应用方向	光伏屋顶、光伏墙面、光伏雨棚、光伏遮阳棚、光伏栏杆		

图 4.3-2　多晶硅光伏组件

表 4.3-2　　　　　　　　　　　　多晶硅光伏组件技术参数

产品名称		多晶硅光伏组件				产品示意图
电气参数	型号	MBM				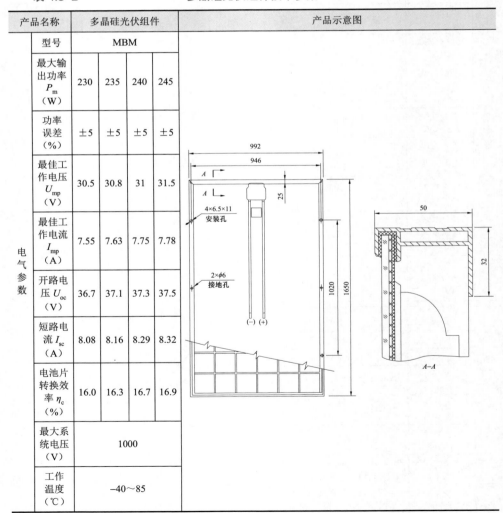
	最大输出功率 P_m（W）	230	235	240	245	
	功率误差（%）	±5	±5	±5	±5	
	最佳工作电压 U_{mp}（V）	30.5	30.8	31	31.5	
	最佳工作电流 I_{mp}（A）	7.55	7.63	7.75	7.78	
	开路电压 U_{oc}（V）	36.7	37.1	37.3	37.5	
	短路电流 I_{sc}（A）	8.08	8.16	8.29	8.32	
	电池片转换效率 η_c（%）	16.0	16.3	16.7	16.9	
	最大系统电压（V）	1000				
	工作温度（℃）	−40～85				

续表

产品名称	多晶硅光伏组件	产品示意图
电气参数		
最大功率温度系数 $T_k(P_m)$	−0.47%/K	
开路电压温度系数 $T_k(U_{oc})$	−0.38%/K	
短路电流温度系数 $T_k(I_{sc})$	+0.10%/K	
机械参数		
断层结构（mm）	3.2 钢化玻璃+0.5EVA + 多晶硅电池片+0.5EVA+0.35TPT	
出极方式	背面	
电缆线规格	4mm²/900mm	
产品尺寸（mm）	1650×992×50	
产品质量（kg）	20	
可抗风压（kN/m²）	2.4	
产品寿命	出厂后 20 年内输出功率不低于稳定功率的80%	
应用方向	光伏屋顶、光伏墙面、光伏雨棚、光伏遮阳棚、光伏栏杆	

4.3.1.3 非晶硅薄膜光伏组件

非晶硅薄膜光伏组件技术参数如表 4.3–3 所示，微晶硅薄膜光伏组件技术参数如表 4.3–4 所示，普通浮法玻璃薄膜光伏组件技术参数如表 4.3–5 所示，普通浮法玻璃无边框薄膜光伏组件技术参数如表 4.3–6 所示。

表 4.3–3 非晶硅薄膜光伏组件技术参数

产品名称	非晶硅薄膜光伏组件					产品示意图
型号	RXJP3–ABS					
电气参数 最大输出功率 P_m（W）	80	85	90	95	100	
功率误差（%）	±5	±5	±5	±5	±5	
最佳工作电压 U_{mp}（V）	99.2	100.3	100.8	101.4	102.1	
最佳工作电流 I_{mp}（A）	0.81	0.85	0.89	0.94	0.98	
开路电压 U_{oc}（V）	132.9	134.4	135.1	135.9	136.8	
短路电流 I_{sc}（A）	1.0	1.05	1.1	1.2	1.22	
电池片转换效率 η_c（%）	6.0	6.4	6.8	7.2	7.6	
最大系统电压（V）	1000					
工作温度（℃）	−40～85					
最大功率温度系数 T_k（P_m）	−0.21%/K					
开路电压温度系数 T_k（U_{oc}）	−0.28%/K					
短路电流温度系数 T_k（I_{sc}）	+0.03%/K					

续表

产品名称		非晶硅薄膜光伏组件	产品示意图
机械参数	断层结构（mm）	3.2 非晶硅薄膜电池片+0.76PVB+3.2 钢化玻璃	
	电缆线规格	2.5mm²/900mm	
	产品尺寸（mm）	1308×1108×38	
	产品质量（kg）	28.5	
	可抗风压（kN/m²）	2.4	
产品寿命		出厂后 20 年内输出功率不低于稳定功率的80%	
应用方向		光伏屋顶、光伏墙面、光伏雨棚、光伏遮阳棚、光伏栏杆	

表 4.3–4　　　　　微晶硅薄膜光伏组件技术参数

产品名称		微晶硅薄膜光伏组件					产品示意图
型号		RXJP–WBS					
电气参数	最大输出功率 P_{m}（W）	90	95	100	105	110	
	功率误差（%）	±5	±5	±5	±5	±5	
	最佳工作电压 U_{mp}（V）	99.2	100.3	100.8	101.4	102.1	
	最佳工作电流 I_{mp}（A）	0.91	0.95	1.00	1.04	1.08	
	开路电压 U_{oc}（V）	132.9	134.4	135.1	135.9	136.8	
	短路电流 I_{sc}（A）	1.12	1.17	1.23	1.28	1.33	

产品名称		微晶硅薄膜光伏组件	产品示意图
电气参数	电池片转换效率 η_c（%）	6.8	
	最大系统电压（V）	1000	
	工作温度（℃）	$-40\sim85$	
	最大功率温度系数 $T_k（P_m）$	$-0.21\%/K$	
	开路电压温度系数 $T_k（U_{oc}）$	$-0.28\%/K$	
	短路电流温度系数 $T_k（I_{sc}）$	$+0.03\%/K$	
机械参数	断层结构（mm）	3.2 微晶硅薄膜电池片+ 0.76PVB+ 3.2 钢化玻璃	
	电缆线规格	2.5mm²/900mm	
	产品尺寸（mm）	1308×1108×38	
	产品质量（kg）	28.5	
	可抗风压（kN/m²）	2.4	
产品寿命		出厂后 20 年内输出功率不低于稳定功率的80%	
应用方向		光伏屋顶、光伏墙面、光伏雨棚、光伏遮阳棚、光伏栏杆	

表 4.3-5   普通浮法玻璃薄膜光伏组件技术参数

产品名称		普通浮法玻璃薄膜光伏组件					产品示意图
电气参数	型号	RXJP5-ABS					
	最大输出功率 P_m（W）	80	85	90	95	100	
	功率误差（%）	±5	±5	±5	±5	±5	
	最佳工作电压 U_{mp}（V）	99.2	100.3	100.8	101.4	102.1	
	最佳工作电流 I_{mp}（A）	0.81	0.85	0.89	0.94	0.98	

续表

产品名称	普通浮法玻璃薄膜光伏组件					产品示意图
电气参数	开路电压 U_{oc}（V）	132.9	134.4	135.1	135.9	136.8	
	短路电流 I_{sc}（A）	1.0	1.05	1.1	1.2	1.22	
	电池片转换效率 η_c（%）	6.0	6.4	6.8	7.2	7.6	
	最大系统电压（V）	1000					
	工作温度（℃）	$-40\sim85$					
	最大功率温度系数 $T_k(P_m)$	$-0.21\%/K$					
	开路电压温度系数 $T_k(U_{oc})$	$-0.28\%/K$					
	短路电流温度系数 $T_k(I_{sc})$	$+0.03\%/K$					
机械参数	断层结构（mm）	3.2 非晶硅薄膜电池片+0.76PVB+4 浮法玻璃					
	电缆线规格	2.5mm²/900mm					
	产品尺寸（mm）	1308×1108×38					
	产品质量（kg）	31.5					
	可抗风压（kN/m²）	1.8					
	产品寿命	出厂后 20 年内输出功率不低于稳定功率的80%					
	应用方向	光伏屋顶、光伏墙面、光伏雨棚、光伏遮阳棚、光伏栏杆					

表 4.3-6 普通浮法玻璃无边框薄膜光伏组件技术参数

产品名称	普通浮法玻璃无边框薄膜光伏组件					产品示意图
型号	RXJP6-ABS					
电气参数 — 最大输出功率 P_m（W）	80	85	90	95	100	
功率误差（%）	±5	±5	±5	±5	±5	
最佳工作电压 U_{mp}（V）	99.2	100.3	100.8	101.4	102.1	
最佳工作电流 I_{mp}（A）	0.81	0.85	0.89	0.94	0.98	
开路电压 U_{oc}（V）	132.9	134.4	135.1	135.9	136.8	
短路电流 I_{sc}（A）	1.0	1.05	1.1	1.2	1.22	
电池片转换效率 η_c（%）	6.0	6.4	6.8	7.2	7.6	
最大系统电压（V）	1000					
工作温度（℃）	−40～85					
最大功率温度系数 $T_k(P_m)$	−0.21%/K					
开路电压温度系数 $T_k(U_{oc})$	−0.28%/K					
短路电流温度系数 $T_k(I_{sc})$	+0.03%/K					
机械参数 — 断层结构（mm）	3.2 非晶硅薄膜电池片+ 0.76PVB+ 4 浮法玻璃					
电缆线规格	2.5mm²/900mm					
产品尺寸（mm）	1300×1100×7.8					
产品质量（kg）	27					
可抗风压（kN/m²）	1.8					
产品寿命	出厂后 20 年内输出功率不低于稳定功率的 80%					

4.3.1.4 晶硅、硅基薄膜、CIGS 薄膜比较

晶硅、硅基薄膜、CIGS 薄膜比较见表 4.3-7。

表 4.3-7　　　　　　　　晶硅、硅基薄膜、CIGS 薄膜比较

项目	晶硅组件	非晶硅薄膜组件	柔性铜铟镓硒（CIGS）组件
转换率（%）	组件 13～15（芯片 17～18）	9～13	13～16
质量（kg/m²）	>10	>10	<3
安装方式	复杂	复杂	简单
价格	普通	较低	较高
可扩展性	较难扩展	较难扩展	容易扩展
弱光发电	无	有	有
技术发展状况	技术成熟	技术成熟	技术先进
生产及应用状况	大规模生产及大规模应用	大规模生产，应用范围较广泛	生产及应用范围较小
环保性能	生产流程中产生剧毒四氯化硅	环保	环保
形式	硬性	硬性	柔性
衰变率（%）	5	5	0
能耗回报年限（年）	3	1.5	<1.5

4.3.1.5 薄膜太阳能电池发电项目案例

农夫山泉广东万绿湖生产基地 5MW 屋顶电站（非晶硅薄膜光伏组件），如图 4.3-3 所示。

图 4.3-3　农夫山泉广东万绿湖生产基地 5MW 屋顶电站示意图

该项目位于农夫山泉广东万绿湖有限公司一期、二期厂房屋顶，装机容量为 5MW，所发电量供农夫山泉广东万绿湖生产基地内部使用。

4.3.2 光伏控制器

光伏控制器对所发的电能进行调节和控制，一方面把调整后的能量送往直流负载或交流负载，另一方面把多余的能量送往蓄电池组储存，当所发的电不能满足负载需要时，控制器又把蓄电池的电能送往负载。蓄电池充满电后，控制器要控制蓄电池不被过充。当蓄电池所储存的电能放完时，控制器要控制蓄电池不被过放电，保护蓄电池。控制器的性能不好时，对蓄电池的使用寿命影响很大，并最终影响系统的可靠性。光伏控制器是光伏发电系统中非常重要的组件，其性能直接影响到整个系统的寿命，特别是蓄电池组的使用寿命。在任何情况下，对蓄电池的过充或过放电都会使蓄电池的寿命缩短。

光伏控制器具有太阳能电池阵列接反、夜间防反充电保护，具有蓄电池过充电、蓄电池过放电、负载过载、负载短路等报警功能，多路太阳能电池方阵输入控制；智能控制，充放电各参数可设定，适合不同场合的需要；控制电路与主电路完全隔离，具有极高的抗干扰能力等。

SD220 系列光伏控制器技术参数如表 4.3–8 所示。

表 4.3–8 　　　　　　　　　　光伏控制器技术参数

性能指标	SD220 50	SD220 100	SD220 150	SD220 200	SD220 300
额定电压（V）	DC220				
额定电流（V）	50	100	150	200	300
最大光伏组件功率（kW）	11	22	33	44	66
光伏阵列输入控制路数	2	4	6		10
每路光伏阵列最大电流（A）	25			34	30
蓄电池过放保护点（可设置 V）	198				
蓄电池过放恢复点（可设置 V）	226				
蓄电池过充保护点（可设置 V）	264				
负载过压保护点（可设置 V）	320				
负载过压恢复点（可设置 V）	280				
空载电流（mA）	<50				

性能指标		SD220 50	SD220 100	SD220 150	SD220 200	SD220 300
电压降落	光伏阵列与蓄电池（V）	1.35				
	蓄电池与负载（V）	0.1				
温度补偿系数（mV/℃）		0~5（可设置）				
使用环境温度（℃）		−20~+50				
使用海拔高度（m）		≤5000（海拔超过 1000m 需按照 GB/T 3859.2—2013《半导体变流器　通用要求和电网换相变流器　第 1—2 部分：应用导则》规定降额使用）				
防护等级		IP20				
尺寸（宽×高×深）（mm）		482×177×400（4U）		482×266×455（6U）	600×1200×600	

4.3.3　逆变器

4.3.3.1　光伏并网逆变器

光伏并网逆变器发电系统由光伏电池阵列、光伏逆变器及公共电网构成。太阳电池阵列由多块太阳电池组件串并联而成，吸收日照辐射能量，将其转化为电能。光伏并网逆变器对系统的运行实施控制和调节，将太阳电池阵列发出的直流电转换为交流电，输送给电网，并根据日照强度的变化实时地调节光伏阵列的工作点，实现最大功率点跟踪（MPPT）。光伏并网逆变器发电系统如图 4.3-4 所示。

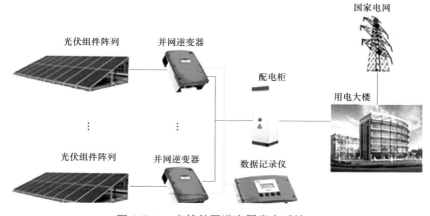

图 4.3-4　光伏并网逆变器发电系统

并网逆变器分为常规光伏并网逆变器和微型并网逆变器。

（1）常规光伏并网逆变器特点。

1）采用最大功率点跟踪方法（MPPT），响应速度快，运行稳定性好，解决了传统方法在光照快速变化时跟踪效果差、运行不稳定甚至造成停机的问题。

2）采用防孤岛检测方法，能快速检测出孤岛而不明显增大并网电流的谐波畸变率，对电网干扰小，也适用于多机并行的并网系统中。

3）采用全数字式控制，具备全自动运行以及齐全的保护功能，可靠性高。

4）自动保存每日的运行数据，可以查阅长达 8 年的运行数据，便于统计与分析。

5）具有休眠节能技术，节约用电。

6）采用全新设计的铝合金外壳，外形美观，散热与防护特性好。

7）通过优化设计，并网逆变器采用自然冷却，不带风扇，减少维护成本。

8）质量轻，体积小，安装方式灵活。

常规光伏并网逆变器性能参数如表 4.3-9 所示。

表 4.3-9   常规光伏并网逆变器性能参数

直流输入	输入额定电压（V，DC）	48
	输入额定电流（A）	73
	输入直流电压允许范围（V，DC）	42～64
交流输出	额定容量（kVA）	3
	输出额定功率（kW）	3
	输出额定电压（V，AC）及频率（Hz）	220，50
	输出额定电流（A）	13.6
	输出电压精度（V）	$220\pm3\%$
	输出频率精度（Hz）	50 ± 0.05
	波形失真率（THD）（线性负载）	$\leqslant5\%$
	动态响应（负载 0←→100%）	5%
	功率因数（PF）	0.8
	过载能力	150%，10s
	峰值系数（CF）	3:1
	逆变效率（80%阻性负载）	93%

续表

工作环境	绝缘强度（输入和输出）	1500V（AC），1min
	噪声（1m，dB）	≤50
	使用环境温度（℃）	−20～+55
	湿度（%）	0～90，不结露
	使用海拔（m）	≤6000
机械尺寸	立式深、宽、高（mm）	442×482×267
	质量（kg）	42

（2）微型光伏并网逆变器特点。微型光伏并网逆变器一般指的是光伏发电系统中的功率不大于 1000W、具组件级 MPPT 的逆变器。"微型"是相对于传统的集中式逆变器而言的。传统的光伏逆变方式是将所有的光伏电池在阳光照射下生成的直流电全部串并联在一起，再通过一个逆变器将直流电逆变成交流电接入电网；微型逆变器则对每块组件进行逆变。

微型光伏并网逆变器可以作为一种选择，其性能具有以下特点。

1）无高压直流电路：安装，使用更加安全。

2）电能产出多：相对传统逆变器有多出 15%～35% 的电能输出。

3）组网灵活：系统可随时扩展，组件不受朝向、规格、年限的限制。

4）安装简单：即插即用。

5）免维护：适用−40/+65℃环境温度下使用。

6）长寿命：15 年质量保证。

7）高可靠性：不会因单点故障造成系统瘫痪。

250W（YC-200）并网逆变器参数如表 4.3-10 所示。

表 4.3-10　　　　　250W（YC-200）并网逆变器参数表

参　　　数		数　值
直流侧参数	最大开路电压（V，DC）	55
	MPPT 最大功率电压跟踪范围（V，DC）	22～45
	允许最大光伏方阵功率（W）	280
交流侧参数	额定交流输出功率（W）	250
	允许电网电压范围（V，AC）	176～250
	额定电网频率（Hz）	50

续表

参　　数		数　　值
交流侧参数	总电流波形畸变率（%）	＜3（满功率时）
	功率因数	≥0.99（半功率以上）
系统参数	最大效率（%）	95.00
	欧洲效率（%）	94.00
	防护等级	IP65（户外）
	夜间自耗电（mW）	＜80
	MPPT精度（%）	99
	使用环境温度（℃）	−40～+65
	使用环境湿度（%）	0～99
	允许最高海拔（m）	4000
机械参数	产品尺寸（深×宽×高，mm）	218×137×35
	质量（kg）	2.5
	参考实物图片	

4.3.3.2　光伏离网逆变器

（1）工作方式。光伏离网逆变器发电系统是由光伏组件发电，经控制器对蓄电池进行充放电管理，并给直流负载提供电能或通过离网逆变器给交流负载提供电能的一种新型能源。广泛应用于环境恶劣的高原、海岛、偏远山区及野外作业，也可作为通信、基站、广告灯箱、路灯等供电电源。光伏离网逆变器发电系统如图4.3-5所示。

光伏控制器对所发的电能进行调节和控制，一方面把调整后的能量送往直流负载，另一方面把多余的能量送往蓄电池组储存，当所发的电不能满足负载要求时，控制器又把蓄电池的电能送往负载。控制器要控制蓄电池不被过度放电或者过度充电，保护蓄电池。控制器的性能对蓄电池的使用寿命和系统的可靠性影响很大。

离网逆变器负责直流电转换为交流电，供交流负荷使用。

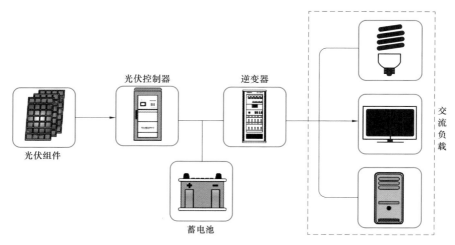

图 4.3-5　光伏离网逆变器发电系统示意图

（2）性能特点如下。

1）可靠性：用于新能源发电的电源往往安装于无电山区、牧区、边防、海岛等交通不便地区，一旦电源故障修复就较为困难，因此对电源的可靠性提出较严格的要求，如日夜温差大、高海拔地区空气稀薄而引起的散热、绝缘以及远途运输问题。

2）高效率：由于目前新能源发电的每度电成本偏高，太阳能电池板的价格昂贵，提高逆变电源的效率可降低太阳能电池板的容量，从而减少投资。

3）具有对蓄电池组过放电保护功能：光伏电站、风力发电电站往往具有专用的控制器对蓄电池的充、放电实时管理，但将蓄电池的过放电保护功能用逆变电源自身的功率器件来实现，不仅可简化电路、降低成本，而且可避免控制器通断直流电而引起拉弧问题，从而提高了系统的可靠性。

4）可内置太阳能电池和风力发电机充电控制功能：从而方便地构成新能源发电系统。

离网型光伏发电系统是一种由光伏组件通过控制设备给蓄电池蓄能从而向负载定时提供交直流电能的光伏发电系统，包括电站型和户用型两种发电系统。该系统主要由光伏组件、控制器、逆变器、控制逆变一体化电源、蓄电池组等设备组成。

4.3.3.3 单相并离网逆变器

（1）工作特点。光伏单相并离网逆变器发电系统由于采用并离网一体逆变器，既有并网逆变器的优点，又拥有离网逆变器的优点。当电网正常、光伏正常时，并离网一体逆变器自动工作于并网发电模式，光伏电能在供给负载后有富余时将电能馈入电网，同时给蓄电池充电；当电网异常时，系统会自动检测电网，进行反孤岛保护而自动切换到离网模式，若光伏能量充足，由光伏为负载供电，并有多余的电能储存到蓄电池里；夜晚无光伏，由市电或蓄电池给负载供电。

并离网一体逆变器具有过/欠压、过/欠频、过电流、过载、极性反接和交流输出短路等保护功能，应对非常复杂的容性和感性负载，系统具备强大的抗冲击能力，能承受瞬间的巨大冲击电流。机器散热采用强风冷却方式，具有良好的散热功能，能确保机器长期稳定运行。同时，系统具有超温保护功能，当机器温度过高时，系统就会关断逆变输出，以确保设备安全和使用寿命。

并离网一体逆变器可在并网和离网两种模式下运行，在软件的协调下对光伏、蓄电池、电网进行完美的调度，为用户提供不间断的电源。它适应家庭、孤岛、山区、荒漠、公共通道等使用环境的用电需求，尤其是电网不稳定地区和经常缺电的地区。

（2）技术参数。单相并离网逆变器技术参数如表 4.3–11 所示。

表 4.3–11　　　　　　　　单相并离网逆变器技术参数

交流	SMS–2K/1S	SMS–3K/1S	SMS–5K/1S	SMS–6K/1S	SMS–7K/1S	SMS–7K5/1S
额定功率（W）	2000	3000	5000	6000	7000	7500
最大交流输出电流（A）	10.0	15.0	25.0	30.0	35.0	37.5
额定电网电压	220V AC±20%，50/60Hz±1Hz，纯正弦波<3% THD，单相					
电网电压范围（V，AC）	176～264					
待机损耗（W）	≤15					
显示	LCD，人机互动					
通信方式	无线连接 RS 232/485，TCP/IP					
后备电源切换时间（ms）	<5					

续表

直流						
最大直流输入电流（A）	12.2	18.3	30.6	36.7	42.8	45.8
可接入组串数	无限制					
MPPT 路数	1					
输入电压（V，DC）	180～360					
MPPT 电压（V，DC）	180～360					
连接器	MC4					
最大工作效率（%）	97.00					
MPPT 效率（%）	99.00					
功率因数	＞0.99（额定功率）					
蓄电池						
蓄电池充电电压（V）	168	168	192	192	192	192
蓄电池输出电压	12V DC/节					
蓄电池接入数量（只）	14	14	16	16	16	16
蓄电池种类	胶体蓄电池、铅酸蓄电池、磷酸铁锂电池					
蓄电池容量（Ah）	推荐 85～200					
充电曲线	恒流、恒压、浮充、三段式充电方式					
蓄电池巡检管理	可选项					
蓄电池自行检验功能	可选项					
环境						
工作温度范围（℃）	−25～+50					
储存温度（℃）	−40～+70					
湿度	最大 90%，不结露					
质保（年）	5					
数据						
防护等级	IP65					
保护	过/欠压、过/欠频、过电流保护、交流短路保护、接地故障监测、直流反极性保护、过载保护					

电路拓扑	高频链				
冷却方式	风机冷却				
交流	SMS-10K/1S	SMS-12K/1S	SMS-15K/1S	SMS-17K/1S	SMS-20K/1S
额定功率（W）	10 000	12 000	15 000	17 000	20 000
最大交流输出电流（A）	50.0	60.0	75.0	85.0	100.0
额定电网电压	220V AC±20%，50/60Hz±1Hz，纯正弦波<3% THD，单相				
电网电压范围（V，AC）	176～264				
待机损耗（W）	≤15				
显示	LCD，人机互动				
通信方式	无线连接 RS 232/485，TCP/IP				
后备电源切换时间（ms）	<5				
直流					
最大直流输入电流（A）	45.8	55	63.5	71.9	84.6
可接入组串数	4				
MPPT 路数	1				
输入电压（V，DC）	240～360	240～360	260～360	260～360	260～360
MPPT 电压（V，DC）	240～360	240～360	260～360	260～360	260～360
连接器	MC4				
最大工作效率（%）	97.00				
MPPT 效率（%）	99.00				
功率因数	>0.99（额定功率）				
蓄电池					
蓄电池充电电压（V）	216	216	240	240	240
蓄电池输出电压（V，DC/节）	12				
蓄电池接入数量（只）	18	18	20	20	20
蓄电池种类	胶体蓄电池、铅酸蓄电池、磷酸铁锂电池				
蓄电池容量（Ah）	推荐 85～200				

续表

充电曲线	恒流、恒压、浮充、三段式充电方式
蓄电池巡检管理	可选项
蓄电池自行检验功能	可选项
环境	
工作温度范围（℃）	−25～+50
储存温度（℃）	−40～+70
湿度	最大 90%，不结露
质保（年）	2
数据	
防护等级	IP21
保护	过/欠压、过/欠频、过电流保护、交流短路保护、接地故障监测、直流反极性保护、过载保护
电路拓扑	高频链
冷却方式	风机冷却

（3）单相并离网光伏发电系统。图 4.3-6 所示为 SMS 系列单相并离网光伏发电系统功能结构示意图。由光伏电池板输送能量，通过 BOOST 模块升压，再经 H 桥逆变、通过滤波将直流电能变换成正弦交流电能提供给负载使用，同时给蓄电池充电，剩余的电能上网。SMS 系列单相并离网系列产品接线示意图如图 4.5-7 所示。系统器件配置见表 4.3-12。

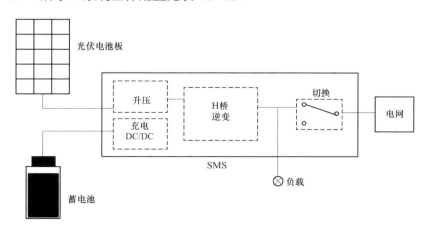

图 4.3-6　SMS 系列单相并离网光伏发电系统功能结构示意图

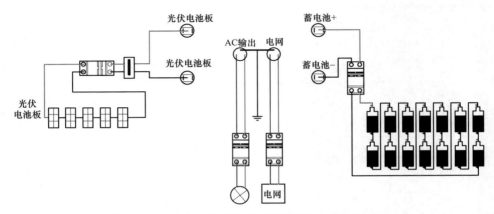

图 4.3-7　SMS 系列单相并离网系列产品接线示意图

表 4.3-12　　　　　　　系 统 器 件 配 置 表

功率	DC 端断路器规格（必配）	AC 端断路器规格（必配）
SMS-1K/1S	至少 15A	至少 11A
SMS-1K5/1S	至少 20A	至少 17A
SMS-2K/1S	至少 27A	至少 21A
SMS-2K5/1S	至少 34A	至少 27A
SMS-3K/1S	至少 40A	至少 32A

（4）运行前准备。

1）所有接线检查：检查光伏、蓄电池、电网、交流输出等电源连接线是否与机器标识的位置一一对应。

2）机器运行前，需检测所有接线是否正确，直流电压、电网电压是否在 SMS 额定范围内。

直流侧检查：

1）光伏电压检查：确保光伏组件的开路电压不超出说明书规定的额定电压，光伏组件的最大工作点的电压不低于说明书中规定的最低电压。

2）蓄电池电压检查：检测蓄电池电压，确保其电压在说明书规定的电压范围内。

交流侧检查：

1）电网电压/频率检查：检测电网电压、电网频率是否与说明书规定的相关参数相符。

2）零相线检查：观察配送线的颜色，国标为左零线（蓝色）、右相线（红色）。

（5）试运行。当 SMS 的接线符合要求的情况下，可开机试运行。打开输入端直流供电，LCD 显示界面点亮，查看 LCD 显示界面的各指示灯是否亮且显示正常，若光伏、蓄电池、电网状态指示灯和电压显示正常，则机器处于正常待机状态。可以开启逆变，按下机器的红色启停按钮"STOP"，机器进入自动运行状态，若蓝色逆变指示灯点亮，表示机器开始逆变输出，此时可加负载尝试运行。

运行状态说明：

1）待机：直流输入端接入直流电且辅助电源处于工作状态，红色按钮处于"锁控急停"状态未逆变，SMS 处于待机状态。

2）逆变：机器逆变输出，将直流电能变换成纯正弦波交流电能。

3）关机：直流输入端切断接入直流电，机器自动失电关机，处于零功耗状态。

4.3.4 智能光伏防雷汇流箱

为减少光伏组件与逆变器之间连接线，提高可靠的稳定性，以方便系统维护，一般需要在光伏组件和逆变器之间增加直流汇流装置，将光伏组件串列接入智能光伏防雷汇流箱进行汇流，然后接入逆变器。

4.3.4.1 产品概况

智能光伏防雷汇流箱具有如下特点：

（1）满足室外安装的使用要求，防水等级达到 IP65。

（2）可接入多路光伏阵列，每路配 12A 或 15A 1000VDC 熔丝（根据光伏系统配置情况，可更换其他等级）。

（3）配有光伏专用高压防雷器，正极对地、负极对地、正负极之间都具备防雷功能。

（4）采用正负极分别串联的四极断路器提高直流耐压值。

（5）汇流箱配置智能监控单元，检测每路电流、输出电压、箱体内温度、雷击状态等信息。

（6）提供了扩展功能，可与 PC 机进行通信，实现远程检测。

（7）具备多种通信方式，提供 RS 485 接口和无线 Zigbee 接口。

智能光伏防雷汇流箱产品示意图如图 4.3-8 所示，智能光伏防雷汇流箱原理图如图 4.3-9 所示。

图 4.3-8　智能光伏防雷汇流箱产品示意图

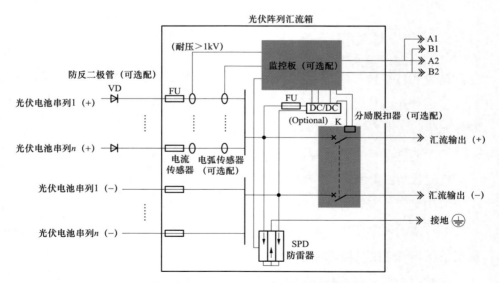

图 4.3-9　智能光伏防雷汇流箱原理图

4.3.4.2　技术参数

智能光伏防雷汇流箱技术参数如表 4.3-13 所示。

表 4.3-13 　　　　　　　　智能光伏防雷汇流箱技术参数

项目	技 术 参 数							
规格	DL-4/1-12 A-Z	DL-6/1-12 A-Z	DL-8/1-12A -Z	DL-10/1-12 A-Z	DL-12/1-12 A-Z	DL-14/1-12 A-Z	DL-16/1-15 A-Z	DL-18/1-15 A-Z
输入光伏组件路数（个）	4	6	8	10	12	14	16	18
输出路数	1							
单路输入额定电流（A）	8		10					
额定输出总电流（A）	<40	<60	<80	<100	<120	<140	<160	<180
熔断器额定电流（A）	12（可更换）						15（可更换）	
工作电压（V）	150～1000							
直流总输出空开	是							
直流断路器脱口报警	有（配选）							
光伏专用防雷模块	有							
防雷器失效监测	有（配选）							
防水端子	PG21							
防护等级	IP65							
海拔	≤3000m（超过 3000m 需降额使用）							
温度范围（℃）	−30～+60							
环境湿度（%）	0～95							
质量（kg）	12	14	18	20	22	24	26	28
最大外形尺寸（mm）	585×450×215				585×695×210			
通信方式	RS 485/GPRS/电力载波（配选）							
安装方式	背板贴挂式							

4.3.5　家用分布式并网光伏系统

4.3.5.1　系统基本构成和运行原理

家用分布式并网光伏电站主要由光伏组件方阵及其支撑支架、并网逆变器、交流配电箱、监控系统（本地监控为标配、远程和环境监控为选配）及其连接线缆等组成。

在晴朗的天气，装在小区或别墅屋顶上的光伏组件发出的直流电经过并网逆变器逆变成与电网同频率同相位的单相交流电给负载进行供电。在夜晚或阴雨天等太阳光照不足的情况下，系统处于待机状态，负载用电全部来自电网。可以通过系统标配的本地监控软件来实时查看系统的运行状态和故障信息，或者是选配远程通信数据采集器，将电站的数据通过 GPRS 或以太网，传输到手机、平板电脑或任意一台联网的电脑，以便于远程实时掌控电站的信息。

4.3.5.2 系统的主要特点

家庭分布式并网光伏电站具有绿色环保、无污染、就地消纳、损耗小等优点，是一种"低风险、稳收益、长回报"的投资行为。家庭分布式并网光伏电站并网方式灵活，可以根据实际情况，选择"自发自用；自发自用、余电上网；全部上网"三种并网方式的任意一种，无论选择哪种均可享受国家和地方政府的财政补贴，并网流程简单。

（1）家庭分布式并网光伏电站是国家十二五大力推广的新能源发电形式，目前国家发展改革委、国家电网公司等地方政府已相继出台扶持、补贴、服务政策。

（2）多种监控方式可选，并创造性地将物联网技术应用到光伏远程监控中，可以随时随地的通过手持终端（如手机、平板电脑等）或任意一台联网电网，来掌控电站的信息。

（3）家庭分布式并网光伏电站具有绿色环保、无污染、就地消纳、损耗小等优点，是一种"低风险、稳收益、长回报"的投资行为。

（4）并网方式灵活，可以根据实际情况，选择"自发自用；自发自用、余电上网；全部上网"三种并网方式的任意一种，无论选择哪种均可享受国家和地方政府的财政补贴。并网流程简单。

（5）家庭分布式并网光伏电站是国家十二五大力推广的新能源发电形式，目前国家发展改革委、国家电网公司及嘉兴、合肥、桐乡、江西等地方政府已相继出台扶持、补贴、服务政策。

4.3.5.3 系统技术参数

1.5～6kW 家用分布式并网光伏系统技术参数如表 4.3-14 所示。

表 4.3-14　　　　1.5～6kW 家用分布式并网光伏系统技术参数

项目	名称	家用 1.5kW 并网系统	家用 2kW 并网系统	家用 2.5kW 并网系统	家用 3kW 并网系统
标配部分	光伏组件	1.68kW（210W 多晶硅×8 块）	2kW（250W 多晶硅×8 块）	2.52kW（280W 多晶硅×9 块）	2.99kW（230W 多晶硅×13 块）
	光伏组件支架	1 套（平屋顶支架或瓦片屋顶支架）			
	并网逆变器	1 台 1.5kW（DSG-1.5K-TG）	1 台 2kW（DSG-2K-TG）	1 台 2.5kW（DSG-2.5K-TG）	1 台 3kW（DSG-3K-TG）
	交流配电箱	1 台（用于交流端配电与电能计量）			
	本地监控软件	1 套（可实现本地监控）			
	电力连接线缆	1 套（根据客户实际情况确定）			
	辅料	1 套（根据客户实际情况确定）			
选配部分	GPRS 数据采集器	1 台（可实现远程监控）			
	远程监控软件	1 套（安卓、IOS 或 PC 版可选）			
	环境监测仪	1 台（可监测环境五要素数据：风速、风向、太阳辐射量、环境温度、环境湿度）			
	通信连接线缆	1 套（根据客户实际情况确定）			
系统性能指标	系统使用寿命	25 年以上			
	系统占地面积（m²）	≥16	≥19	≥21	≥26
	系统日均发电量（kWh）	3.36～8.6	4～10.24	5.04～12.9	5.98～15.3
	系统日均节约标准煤量（kg）	1.176～3.01	1.4～3.584	1.764～4.515	2.093～5.355
	系统日均节约二氧化碳量（kg）	2.59～6.64	3.088～7.91	3.89～9.96	4.62～11.81

项目	名称	家用 4kW 并网系统	家用 4.5kW 并网系统	家用 5kW 并网系统	家用 6kW 并网系统
标配部分	光伏组件	4.06kW（290W 多晶硅×14 块）	4.68kW（60W 多晶硅×78 块）	5.46kW（70W 多晶硅×78 块）	6.3kW（210W 多晶硅×30 块）
	光伏组件支架	1 套（平屋顶支架或瓦片屋顶支架）			
	并网逆变器	1 台 4kW（DSG–4K–TG）	1 台 4.5kW（DSG–4.5K–TG）	1 台 5kW（DSG–5K–TG）	1 台 6kW（DSG–6K–TG）
	交流配电箱	1 台（用于交流端配电与电能计量）			
	本地监控软件	1 套（可实现本地监控）			
	电力连接线缆	1 套（根据客户实际情况确定）			
	辅料	1 套（根据客户实际情况确定）			
选配部分	GPRS 数据采集器	1 台（可实现远程监控）			
	远程监控软件	1 套（安卓、IOS 或 PC 版可选）			
	环境监测仪	1 台（可监测环境五要素数据：风速、风向、太阳辐射量、环境温度、环境湿度）			
	通信连接线缆	1 套（根据客户实际情况确定）			
系统性能指标	系统使用寿命	25 年以上			
	系统占地面积（m²）	≥33	≥49	≥49	≥59
	系统日均发电量（kWh）	8.12～20.79	9.36～23.96	10.92～28	12.6～32.26
	系统日均节约标准煤量（kg）	2.842～7.276	3.276～8.386	3.822～9.8	4.41～11.291
	系统日均节约二氧化碳量（kg）	6.27～16.05	7.23～18.5	8.43～21.616	9.73～24.9

注 我国根据各地接受太阳总辐射量的多少，可划分为五类地区；我国日辐射量大致在 2.5～6.4kWh/m²。根据安装地点的不同，系统日均发电量也不同。

4.3.5.4　系统原理图

家用分布式并网光伏电站系统原理图（自发自用，余电上网模式）如图 4.3–10 所示，家用分布式并网光伏电站系统原理图（全部上网模式）如图 4.3–11 所示，家用分布式并网光伏电站系统原理图（自发自用模式）如图 4.3–12 所示。

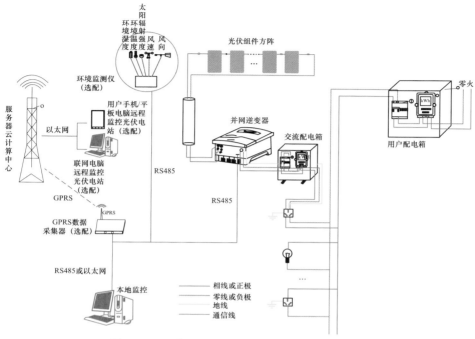

图 4.3-10　家用分布式并网光伏电站系统原理图
（自发自用，余电上网模式）

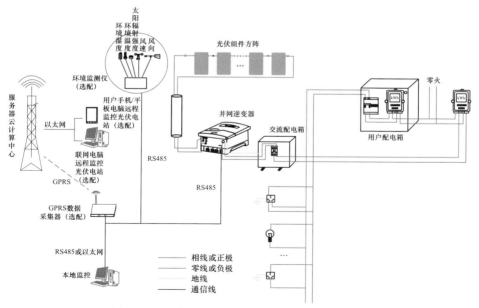

图 4.3-11　家用分布式并网光伏电站系统原理图
（全部上网模式）

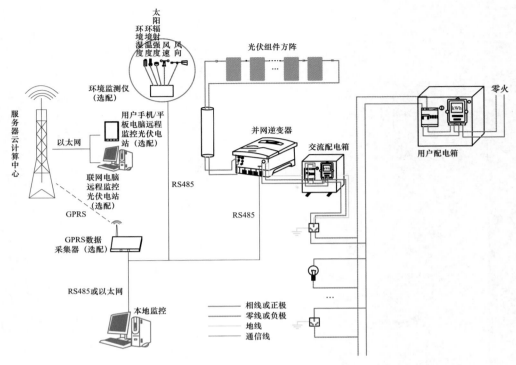

图 4.3–12　家用分布式并网光伏电站系统原理图

（自发自用模式）

5 分布式电源应用实例

本章以某分布式光伏电站项目为例,从系统设计、设备采购和安装等角度介绍其建设流程。

5.1 系 统 设 计

5.1.1 发电系统总体设计

该工程安装地址位于某地区,气候属于温带半湿润季风型大陆性季候。该地区气候温和,降水充沛,日照充足,四季分明,无霜期长。冬季盛行偏北风,偏冷干燥;夏季盛行偏南风,高温多雨。年平均气温 16.8℃,极端最高气温 41.4℃,极端最低的气温为零下 15.4℃。年平均降水量 1577.4mm,年平均日照时间为 1754.5h,年平均无霜期为 245～258 天,年均风速 1.8～3m/s。

中国太阳能总辐射量大致在 930～2330MJ/m² 之间。以 1630MJ/m² 为等值线,则自大兴安岭西麓向南至滇藏交界处,把中国分为两大部分,则西北地区高于 1630MJ/m²,此线东南侧低于这个等值线。大体上说,我国约有 2/3 以上的地区太阳能资源较好,特别是青藏高原和新疆、甘肃、内蒙古一带,利用太阳能的条件尤其有利。

该市位于我国太阳能资源的四类地区,年均太阳辐射总量为 4200～5000MJ/m²,相当于日辐射量 3.2～3.8kWh/m²,太阳能资源算是一般的。一般来说,太阳能资源越丰富,单位面积的产电就越高,产电高就意味着投资收益回报高。纵观全世界,目前太阳能发电应用大国,如德国、法国、英国等地区,日辐射量大多不到 4kWh/m²。而某市的水平面日辐射量达到 3.67kWh/m² 之间,由此可见,某市的太阳能辐射资源与目前主流的太阳能应用大国差不多,所以还是非常适宜安装并网光伏电站的。

本项目拟安装在该地区。本项目的总装机容量为 10kW，安装形式采用普通支架式。按照目前理论计算与实际安装经验发现，每安装 1kW 的并网光伏斜屋面电站，需要占地约 10m²（说明本面积为光伏组件方阵的面积，不含配电房及电站配套生活、生产设置的面积）。整个 10kW 的系统，共需占地面积约为 100m²。

并网光伏电站原理组成图见图 5.1-1。本系统为微型并网逆变器每个光伏组件配备一台微型并网逆变器。所有逆变器通过母线连接。每路控制在 13 台逆变器。同时由一台 ECU 实现每台微逆变器与因特网的通信。ECU 通过电力载波通信收集每台微逆变器的数据，再通过网络上传到数据库。同时，它还可以向微逆变器发送控制命令。

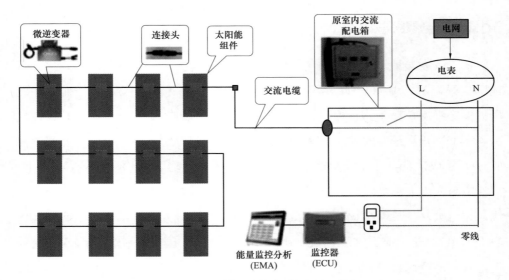

图 5.1-1　并网光伏电站原理组成图

5.1.2　太阳能组件选择

出于项目经济性及技术可靠性方面的考虑，应优选单位面积容量大的电池组件以减少占地面积，该项目采用固定式太阳能电池方阵。该系统中，所有的电池板均采用多晶 250W 的，该电池板开环电压 36V，工作电压 30.5V，考虑到逆变器的耐压和最佳效率，选择 20 节电池板串联，开环电压 720V，工作电压 610V，功率为 250×20=5kW。对于 10kW 的系统，共 10/5=2 路电池串列。故电池板方阵拟采用 2 行 20 列的排列形式。

5.1.3 太阳能电池阵列设计

电池阵列的安装倾斜角直接影响光伏发电系统的发电效率，对于固定式太阳能电池阵列最佳倾斜角即为光伏全年发电量最大时的倾斜角。

最佳倾斜角和当地的纬度有关，一般情况也有直接取太阳能电池阵列安装地点的纬度（θ），或直接加 5、加 10。根据具体的情况其增减有所不同，表 5.1-1 可做参考。

表 5.1-1　　　　　　　　太阳能电池阵列最佳倾斜角一览表

城市	纬度	最佳倾斜角（°）
哈尔滨	45.68	$\theta+3$
长春	43.9	$\theta+1$
沈阳	41.77	$\theta+1$
北京	39.8	$\theta+4$
天津	39.1	$\theta+5$
南京	32.0	$\theta+5$
太原	37.78	$\theta+5$
郑州	34.72	$\theta+7$
西宁	36.75	$\theta+1$
兰州	36.05	$\theta+8$
银川	38.48	$\theta+2$
西安	34.3	$\theta+14$
上海	31.17	$\theta+3$
长沙	28.2	$\theta+6$
武汉	29.6	$\theta+4$
广州	23.13	$\theta-7$
海口	20.03	$\theta+12$
南宁	22.82	$\theta+5$
成都	30.67	$\theta+2$

城市	纬度	最佳倾斜角（°）
贵阳	26.58	$\theta+8$
昆明	25.02	$\theta-8$
拉萨	29.7	$\theta-8$
合肥	31.85	$\theta+9$
杭州	30.23	$\theta+3$
南昌	28.67	$\theta+2$
福州	26.08	$\theta+4$
济南	36.68	$\theta+6$

5.1.4　接入系统设计

5.1.4.1　设计依据

（1）部门设计委托书。

（2）国家电网办〔2013〕1781 号《国家电网公司关于印发分布式电源并网相关意见和规范（修订版）的通知》。

（3）Q/GDW 617—2011《光伏电站接入电网技术规定》。

（4）GB 14285—2006《继电保护和安全自动装置技术规程》。

（5）国家电网发展〔2013〕625 号《分布式光伏发电接入系统典型设计》。

5.1.4.2　工程概述

（1）本次光伏发电工程装机容量及规模。本项目拟安装在湖北某×××路屋面上。本项目的总装机容量为 10kW，安装形式采用普通支架式。按照目前理论计算与实际安装经验发现，每安装 1kW 的并网光伏斜屋面电站，需要占地约 10m²（说明本面积为光伏组件方阵的面积，不含配电房及电站配套生活、生产设置的面积）。整个 10kW 的系统，共需占地面积约为 100m²。

（2）光伏发电工程供配电系统。本次光伏发电项目根据业主申报为自发自用、余电上网，所发电量主要供给业主自己经营的网吧使用。业主网吧电脑总功耗在 20kW 左右，3 台 5P 空调在 15kW 左右，全场满负荷在 35kW 以内。业主网吧的供配电系统图如图 5.1-2 所示。

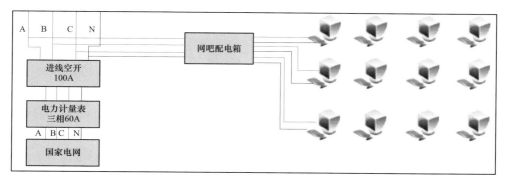

图 5.1-2　项目业主配电系统图

5.1.4.3　工程建设的必要性

（1）响应国家号召，合理开发利用光能资源，符合能源产业发展方向。伴随经济全球化进程不断加快，能源问题已引起党中央、国务院的高度重视。党的十六届五中全会提出把节约资源作为基本国策，《"十一五"规划纲要》进一步把"十一五"时期单位 GDP 能耗降低 20%左右作为约束性指标。

（2）推进国内光伏并网发电产业的发展。2009 年 7 月以来，国家先后颁发了《关于加快推进太阳能光电建筑应用的实施意见》《太阳能光电建筑应用财政补助资金管理暂行办法》以及《光伏发电示范工程财政补助资金管理暂行办法》，计划以财政补助的方式推动光伏发电应用示范项目的实施。国内光伏发电应用市场有望在近期得到快速的发展。

本项目的实施：① 落实国家开拓国内光伏市场的政策，促进光伏发电系统在国内的应用；② 为日后大型的光伏发电系统在国内的应用提供参考和借鉴；③ 积累光伏发电系统设计、施工和使用的经验，为制定相关国家标准提供参考。

（3）运用新技术，推动科学技术进步，保护自然资源和生态环境。太阳能是干净的、清洁的、储量极为丰富的可再生能源，太阳能发电是目前世界上先进的能源利用技术。建设本项目，不消耗煤、石油、天然气、水、大气等自然资源；也不产生有害气体、污染粉尘，不引起温室效应、酸雨现象等，可有效地保护生态环境。

5.1.4.4　一次接入系统方案

（1）接入系统电压等级论证。根据国家电网办〔2013〕1781 号《国家电网公司关于印发分布式电源并网相关意见和规范（修订版）的通知》，本项目装机容量 10kW，属于分布式光伏发电。故按照分布式光伏发电"就地利用"的原则，本项目可采用国家电网发展〔2013〕625 号《分布式光伏发电接入系统典型设计》XGF380–Z–1 方案，即本项目通过 380V 用户配电箱或线路上网。

（2）周边电网概况及电量平衡。本次工程业主用电位置处于某镇 10kV 街镇 216 号线东升路 3 号台区，配电变压器型号为 S11–315kVA，电网向业主供电示意图如图 5.1–3 所示。

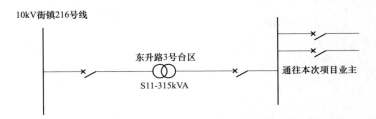

图 5.1–3　业主供电示意图

以项目所在台区内的月用电负荷和本项目光伏预估月发电负荷做电力平衡，如表 5.1–2 所示。

表 5.1–2　月用电负荷与月光伏发电量平衡表

用电区域	配电变压器容量（kVA）	近六个月负荷情况（kWh）	预计月平均负荷（kWh）	月光伏月预计发电最大负荷计（以 1 天 10h 计算）（kWh）	消纳情况
东升路 3 号台区	315	26 948	28 555	3000	可完全消纳
		30 219			
		31 422			
		28 564			
		26 642			
		27 534			

从表 5.1–2 可以看出，本次光伏发电项目可完全在东升路 3 号台区内部消纳，且也满足小型光伏电站总容量原则上不宜超过上一级变压器供电区域内的最大负荷的 25%的技术规定。

（3）一次接入系统方案拟订。本项目共用 250W 的光伏组件 40 块。每 13 块组件分别接 13 台微型逆变器并联支路，（其中一路 14 台逆变器）共 3 个并联支路。3 个并联支路经过交流端线路，接入汇流箱汇总之后接入进入交流配电柜，经过交流端配电与控制，最终并入电网。站内由一台 ECU 实现每台微逆变器与因特网的通信。 ECU 通过电力载波通信收集每台微逆变器的数据，再通过网络上传到数据库。它还可以向微逆变器发送控制命令。

本期光伏发电项目电气主接线图如图 5.1–4 所示。

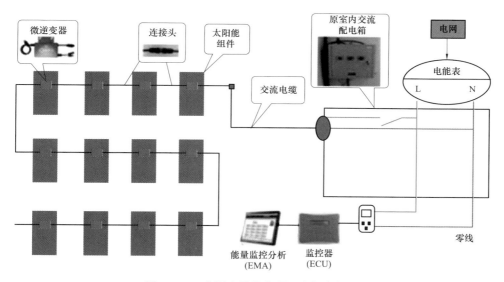

图 5.1–4　本期光伏发电项目电气主接线

根据某 10kW 光伏并网发电项目对该工程接入系统提出方案：本光伏发电项目以 380V 电压等级接入系统，其光伏发电各逆变器经交流配电柜汇总后以一回 380kV 线路三相接入 380V 用户配电箱（或配电柜），具体接入示意图如图 5.1–5 所示。

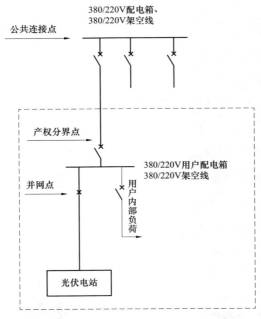

图 5.1-5　接入系统示意图

（4）并网线路电缆截面选择。该工程线缆敷设于室内，则选择交联聚乙烯绝缘聚氯乙烯护套电力电缆。YJV 型电缆载流量表见表 5.1-3。

表 5.1-3　　　　　　　　　　　　YJV 型电缆载流量表

型号	直径（mm）	空气中载流量（A）	土壤中载流量（A）
3×4+1×2.5	12.7	37	47
3×6+1×4	13.9	47	60
3×10+1×6	16.1	64	81
3×16+1×10	18.6	85	106
3×25+1×16	22.2	113	137
3×35+1×16	24.6	139	164
3×50+1×25	27.7	173	198
3×70+1×35	31.9	222	246
3×95+1×50	36.2	271	293
3×120+1×70	39.9	318	334
3×150+1×70	45	370	375

型号	直径（mm）	空气中载流量（A）	土壤中载流量（A）
3×185+1×95	49.4	427	422
3×240+1×120	54.9	507	492
3×300+1×150	62.9	599	560

导线截面选择仅考虑装机容量，为留一定的裕度，并网环境温度为 35℃，导体工作温度为 65℃时，电缆载流量修正系数取 0.88，三芯或三个单芯电缆平行成组直埋于土壤中载流量修正系数取 0.87。

取本次光伏发电项目总容量为 10kW，则 $I=10\text{kW}/(0.4\text{kV}\times\sqrt{3}\times0.88\times0.87)=18.85$（A），查表 5.1–3 知，取 YJV–3×4+1×2.5 的电缆即可满足要求。故交流配电柜至用户 380V 配电箱应使用 YJV–3×4+1×2.5 电缆。

5.1.4.5 二次接入系统方案

（1）系统继电保护及安全自动装置。本方案并网点及公共连接点的断路器应具备短路瞬时、长延时保护功能、分励脱扣、欠压脱扣功能和反映故障及运行状态辅助触点。本方案采用具备防孤岛能力的逆变器，不另外配置防孤岛检测及安全自动装置。

（2）系统调度自动化。本方案光伏发电采用自发自用、余电上网，调度关系由调度中心根据具体情况确定。本方案暂只需要上传发电量信息，并送至主管机构，故不配置独立的远动系统。

（3）计量。由于本次运营模式采用自发自用、余电上网，故除单套设置并网电能表外，还应设置关口电能计量表。

并网电能表设置在并网点，用于计量光伏发电项目总发电量；关口电能计量表设在产权分界点，用于计量用户月使用的总电量。

在计费关口点按单表设置，电能表精度要求不低于 1.0 级，并且要求有关电流互感器、电压互感器的精度分别达到 0.2S、0.5 级。电能量采用静止式多功能电能表，至少应具备双向有功和四象限无功计量功能、事件记录功能，应具备电流、电压、电量等信息采集和三相电流不平衡监测功能，配有标准通信接口，具备本地通信和通过电能信息采集终端远程通信的功能。计量表采集信息应分别接入电网管理部门和光伏发电管理部门（政府部门或政府指定部门）电能信息采集系统，作为电能量计量和电价补贴依据。相应设备清单如表 5.1–4 所示。

表 5.1–4　　　　　　　　　　计 量 配 置 表

厂站	设备名称	型号及规格	数量	备注
用户配电箱	关口计量电能表	—	2 块	含电能质量监测功能

（4）系统通信。本方案暂只需要上传发电量信息。本方案电量上传采用人工抄表的方式实现，待集抄系统实现后再通过该系统上传。

5.1.4.6　其他要求

（1）分布式电源并网点的电能质量应符合国家标准。

（2）分布式项目应在并网点设置易操作、可闭锁且具有明显断开点的并网开断设备。

（3）分布式电源项目采用的逆变器应通过国家认可资质机构的检测或认证。

（4）同期问题由用户自己考虑。

5.2 设 备 采 购

5.2.1　光伏组件

本项目采用 250W 多晶硅光伏组件，其主要技术参数见表 5.2–1。

表 5.2–1　　　　　　多晶硅光伏组件技术参数表

项　　　目	技 术 参 数
型号	250W 多晶硅光伏组件
开路电压 U_{oc}（V）	36.4
短路电流 I_{sc}（A）	8.4
最大功率点电压 U_{mp}（V）	30.2
最大功率点电流 I_{mp}（A）	7.95

续表

项　　目	技　术　参　数
峰值功率 P_m（W）	250
电池片效率（%）	16.4
组件效率（%）	14.8
电池	多晶硅电池 156mm×156mm
电池数量、排列方式	60、6×10
组件尺寸（mm）	1640×990×50
质量（kg）	21
适用范围	大中型光伏电站，户用发电系统等
参考实物图片	

其光伏组件还具有以下特点：

（1）光伏组件在正常条件下绝缘电阻不低于 200MΩ。

（2）光伏组件受光面有较好的自洁能力，表面抗腐蚀、抗磨损能力满足相应的国标要求。

（3）采用 EVA、玻璃等层压封装的组件，EVA 的交联度大于 65%，EVA 与玻璃的剥离强度大于 30N/cm^2。EVA 与组件背板剥离强度大于 15N/cm^2。

项目总装机容量为 10kW，共用 250W 多晶硅光伏组件 40 块。

5.2.2　交流配电柜

本项目总装机容量为 10kW，共用 40 台 250W 逆变器，一台交流配电柜。其参数及特点如表 5.2–2 所示。

表 5.2-2   交 流 配 电 柜 参 数 表

型号	DJ-5K-3Q3（3 进 3 出）
规格	15kW
输入	
输入并网逆变器数	40 台
输出	
输出路数	3 路
工作环境	
工作温度范围（℃）	-25～60
相对湿度（%）	0～95（无凝结）
防护等级	IP20
箱体材料	冷轧钢板
通信方式	RS485
安装方式	壁挂

5.2.3 并网逆变器

本项目总装机容量为 10kW，并网逆变器选用由某公司提供的（型号为 YC-200）250W 微型逆变器 40 台。

并网逆变器主要技术参数如表 5.2-3 所示。

表 5.2-3   250W（YC-200）并网逆变器参数表

产品型号		YC-200
直流侧参数	最大开路电压（V，DC）	55
	MPPT 最大功率电压跟踪范围（V，DC）	22～45
	允许最大光伏方阵功率（W）	280
交流侧参数	额定交流输出功率（W）	250
	允许电网电压范围（V，AC）	176～250
	额定电网频率（Hz）	50
	总电流波形畸变率（%）	<3（满功率时）
	功率因数	≥0.99（半功率以上）
系统参数	最大效率（%）	95.00
	欧洲效率（%）	94.00

续表

产品型号		YC-200
系统参数	防护等级	IP65（户外）
	夜间自耗电（mW）	<80
	MPPT 精度	99%
	使用环境温度（℃）	-40~+65
	使用环境湿度（%）	0~99
	允许最高海拔（m）	4000
机械参数	产品尺寸（深×宽×高，mm）218×137×35	
	重量（kg）	2.5
参考实物图片		

其性能具有以下特点：

（1）无高压直流电路：安装，使用更加安全。

（2）电能产出多：相对传统逆变器有多出 15%～35%的电能输出。

（3）组网灵活：系统可随时扩展，组件不受朝向，规格，年限的限制。

（4）安装简单：即插即用。

（5）免维护：适用-40～+65℃环温度下使用。

（6）长寿命：15 年质量保证。

（7）高可靠性：不会因单点故障造成系统瘫痪；100 年平均无故障间隔时间（*MTBF*）。

5.3 设 备 安 装

安装之前需要先试好每块光伏板子的螺丝位是否正确，螺丝也是不锈钢的，一劳永逸，不用考虑生锈问题。图 5.3-1 所示为安装光伏板时的照片。图 5.3-2、图 5.3-3 所示为交流配电柜接线好之后的外观及内部接线照片。

图 5.3-1　光伏板安装过程图

图 5.3-2　交流柜外观图

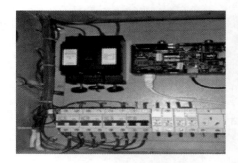

图 5.3-3　交流柜内部接线图

　　该工程一共使用 18 块 200W 单晶硅太阳电池板 3600W 系统，4 个 12V200Ah 电池串联成 48V，逆变器是 48V、6000W 的，工程具体清单如表 5.3-1 所示。

表 5.3-1　　　　　　　　　10kW 分布式光伏发电项目工程配置表

序列	器件名称	器件型号	单位	数量	价格（元）
光伏组件	多晶硅光伏组件	250W	块	40	32 000
结构部分	支撑结构	平地面式	项	1	500
电气部分	并网逆变器	250W	台	40	24 000
	ECU	ECU	台	1	5000
	交流配电柜	15kW，3 进 3	台	1	5000
	电线电缆	连接母线+尾盖	项	1	视具体情况调整
	辅料	包括走线管、电缆沟、连接散件等	项	1	暂估值，视具体情况调整

第二篇

微电网

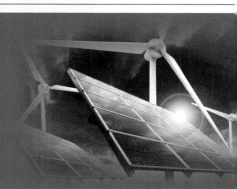

6 微电网概述

6.1 微电网的提出

分布式发电的发展催生微电网的诞生。分布式发电可以减少电网总容量，改善电网的峰谷性能、提高供电可靠性，是大电网的有力补充和有效支撑。分布式发电成为电力系统重要的发展趋势之一。随着分布式发电渗透率不断增加，其本身存在的一些问题也显现出来，分布式电源单机接入控制困难、成本高：① 分布式电源相对大电网来说是一个不可控源，因此大系统往往采取限制、隔离的方式来处置分布式电源，以期减小其对大电网的冲击。美国 2001 年颁布了 IEEE—P1547/D08《关于分布式电源与电力系统互联的标准草案》，并通过了有关法令让部分分布式发电系统上网运行，其中对分布式能源的并网标准作了规定：当电力系统发生故障时，分布式电源必须马上退出运行，这极大限制了分布式能源效能的充分发挥。② 目前配电网所具有无源辐射状的运行结构以及能量流动的单向、单路径特征，使得分布式发电必须以负荷形式并入和运行，即发电量必须小于安装地用户负荷，导致分布式发电能力在结构上就受到极大限制。随着新的技术的应用，尤其是电力电子技术和现代控制理论的发展，在 21 世纪初，美国学者提出了微电网的概念，微电网技术开始在美国、欧洲和日本得到广泛的研究。

微电网将额定功率为几十千瓦的发电单元——微源（MS）、负荷、储能装置及控制装置等结合，形成一个单一可控的单元，同时向用户供给电能和热能。基于微电网结构的电网调整能够方便大规模的分布式能源互联并接入中低压配电系统，提供了一种充分利用分布式能源发电单元的机制。

与传统的集中式能源系统相比，微电网接近负荷点，不需要建设大电网进行远距离输电，从而可以减少线损，节省输配电建设投资和运行费用；由于兼具发电、供热、制冷等多种服务功能，分布式能源可以有效地实现能源的梯级利用，达到更高的能源综合利用效率。如分布式电源能在暂态情况下自主运行，即在外部配电网上游部分出现扰动情况下，可以提高系统可靠性，同时可提高电网的安全性。另外其黑启动功能可以使停电时间最短并能帮助外部电网重新恢复正常运行。微电网能以非集中程度更高的方式协调分布式电源，因而可以减轻电网控制的负担并能够完全发挥分布式电源的优势。与大电网单独供电方式相比，微电网与大电网结合具有明显的优势。

（1）微电网的并网标准只针对微电网和大电网的公共连接点，而不针对具体的微源，解决了配电网中分布式电源的大规模接入问题，微电网可以灵活地处理分布式电源的连接和断开，体现了"即插即用"的特征，为充分发挥分布式电源的优势，提供了一个有效的途径。

（2）可以使得各种分布式发电设备的能力得到充分的利用，减小主干电网在负荷峰值期的负担。

（3）可以增强供电可靠性并提高系统稳定性。特别是近几年各种极端气候出现概率变大，我国由天气引发的事故频繁发生，如 2008 年 1 月南方地区发生的大范围长时间暴雪天气，致使电网严重受损，长时间、大面积的停电给国家带来了巨大的经济损失，给人民生活也造成了极大的不便。对某些特殊负荷，微电网与大电网结合可以保障非常时期的供电，提高外部大电网的安全性。

（4）可以提高整个电网的运行效率，同时也能减小对环境的污染。

（5）通过微电网可以实现更佳无功功率控制，减小谐波污染，提高电能质量，为用户提供"定制电力技术"服务。

（6）投资方面，通过缩短发电厂与负载间的距离提高系统的无功供应能力，从而改善电压分布特征，消除配电和输电瓶颈，降低在上层高压网络中的损耗，减少或至少延迟对新的输电项目和大规模电厂系统的投资。

（7）市场方面，广泛采用微电网可降低电价，优化分布式发电可把经济实惠最大限度地带给用户，如峰电价格高、谷电价格低，峰电期，微电网可输送电能，以缓解电力紧张；在电网电力过剩时可直接从电网低价采购电能。

总之，微电网具有双重角色，对于电力企业，微电网可视为一个简单的可调度负荷，可以在数秒内做出响应以满足传输系统的需要；对于用户，微电网可以作为一个可定制的电源，以满足用户多样化的需求，如增加局部供电可靠性，降低馈线损耗，通过微电网储能元件对当地电压和频率提供支撑，或作为不可中断电源，提高电压下陷的校正。紧紧围绕全系统的能量需求的设计理念和向用户提供多样化电能质量的供电理念是微电网的两个重要特征。有人预测，未来的配电系统将是传统的配电系统和大量分布在配电系统供电区域内的微电网混合而成，形成互联网一样的模式。

微电网可以看成未来电力系统的一种结构，可作为输电网、配电网之后的第三级电网；相比目前的大电网，这种结构具有显著的经济和环境效益。通过建立微电网可以使得分布式发电应用于电力系统并发挥其最大的潜能。

微电网及分布式电源虽然主要与配电网联系，但对整个电力系统的影响却将是巨大而深远的。

（1）对发电、输电系统的影响。对新建集中式发电厂和远距离输电线的需求将减少。

（2）对配电系统的影响。配电系统将发生根本性的变化，即配电系统将从一个辐射式的网络变为一个遍布电源和用户互联的网络，配电系统的控制和管理将变得更加复杂，配电变电站将成为"有源变电站"。

（3）对整个电力行业的影响。微电网及分布式发电（DG）的普及将对电力市场的走向和最后格局产生深远的影响。

6.2 微电网构成及分类

6.2.1 微电网构成

微电网的具体结构会随着负荷等各方面需求而不同，但是基本单元应包括分布式电源（光伏发电、风力发电、燃气轮机等）、负荷、储能、控制中心。微电网对外是一个整体，通过一个公共连接点（Point of Common Compling，PCC）与电网连接，其内部是一个小型发、配、用电系统，如图 6.2-1 所示。

（1）分布式电源：可以是以新能源为主的多种能源形式，如光伏发电、风力发电、燃料电池；也可以是以热电联产或冷热电联产形式存在，就地向用户提供热能，提高分布式发电利用效率和灵活性。

（2）负荷：负荷包含各种一般负荷和重要负荷或有特殊要求的负荷。

（3）储能装置：可采用各种储能方式，包含物理、化学、电磁储能、用于新能源发电的能量存储、负荷的削峰填谷、微电网的"黑启动"。

（4）控制装置：由控制装置构成控制系统，实现分布式发电控制、储能控制、并离网切换控制、微电网实时监控、微电网保护、微电网能量管理等。

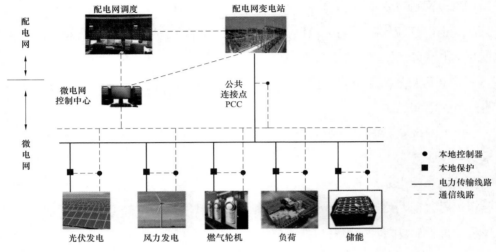

图 6.2-1　微电网的组成及结构

微电网的构成可以很简单，但也可能比较复杂。例如，光伏发电系统和储能系统可以组成简单的用户级光/储微电网，而风力发电系统、光伏发电系统、储能系统、冷热电联供微型燃气轮机发电系统可组成满足用户冷热电综合能源需求的复杂微电网。一个微电网内还可以含有若干个规模相对小的微电网，微电网内分布式电源的接入电压等级也可能不同。

6.2.2　微电网分类

微电网建设应根据不同的建设容量、建设地点、分布式能源的种类和用户的需求建设适合实际具体情况的微电网，建设的微电网按照不同的分类方法可作如下分类。

6.2.2.1 按微电网电压等级及规模分类

从供应独立用户的小型微电网到供应千家万户的大型微电网，微电网的规模千差万别。按照接入配电系统的方式不同，微电网可分为用户级低压微电网、中压支线级微电网、中压馈线级微电网和变电站级微电网，如图 6.2-2 所示。

（1）用户级低压微电网与外部配电系统通过一个公共连接点连接，一般由用户负责其运行及管理。

（2）中压支线级微电网是指将接入中压配电系统某一支线的分布式电源和负荷等加以有效管理所形成的微电网。

（3）中压馈线级微电网是指将接入中压配电系统某一馈线的分布式电源和负荷等加以有效管理所形成的微电网。

（4）变电站级微电网是指将接入某一变电站及其出线上的分布式电源及负荷实施有效管理后形成的规模较大的微电网。后两者一般属于配电公司所有，是智能配电系统的重要组成部分。

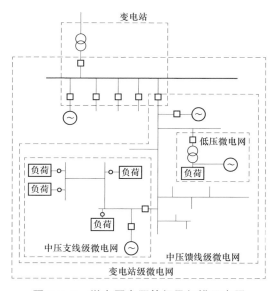

图 6.2-2　微电网电压等级及规模示意图

6.2.2.2 按功能需求分类

按功能需求划分，微电网可分为简单微电网、多种类设备微电网和公用微电网。

（1）简单微电网：仅含有一类分布式发电，其功能和设计也相对简单，如仅为了实现冷热电联供的应用或保障关键负荷的供电。

（2）多种类设备微电网：由多个不同的简单微电网组成或者由多种性质互补协调运行的分布式发电构成。相对于简单微电网，多种类设备微电网的设计与运行更加复杂，该类微电网中应划分一定数量的可切负荷，以便在紧急情况下离网运行时维持微电网的功率平衡。

（3）公用微电网：在共用微电网中，凡是满足一定技术条件的分布式发电和微电网都可以接入，它根据用户对可靠性的要求进行负荷分级，紧急情况下首先保证高优先级负荷的供电。

6.2.2.3　按交直流类型分类

按交直流类型划分，微电网分为直流微电网、交流微电网、交直流混合微电网。

（1）直流微电网是指采用直流母线构成的微电网，如图 6.2–3 所示，DG、储能装置、直流负荷通过变流装置接入直流母线，直流母线通过逆变装置接至交流负荷，直流微电网向直流负荷、交流负荷供电。

直流微电网的优点：由于 DG 控制只取决于直流电压，直流微电网的 DG 较易协同运行；DG 和负荷的波动由储能装置在直流侧补偿；与交流微电网比较，控制容易实现，不需要考虑各 DG 间同步问题，环流抑制更具有优势。

直流微电网的缺点：常用用电负荷为交流，需要通过逆变装置给交流用电负荷供电。

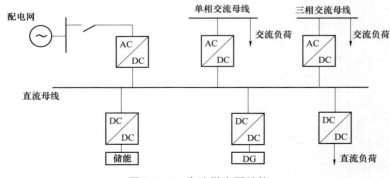

图 6.2–3　直流微电网结构

（2）交流微电网是指采用交流母线构成的微电网，交流母线通过公共连接点PCC 断路器控制，实现微电网并网运行与离网运行。图 6.2-4 所示为交流微电网结构，DG、储能装置通过逆变器接至交流母线。交流微电网是微电网的主要形式。

交流微电网的优点：采用交流母线与电网连接，符合交流用电情况，交流用电负荷不需专门的逆变装置。

交流微电网的缺点：微电网运行控制较难。

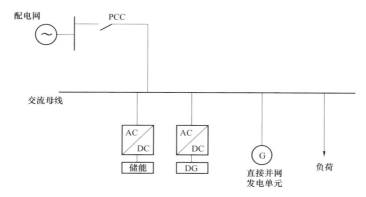

图 6.2-4　交流微电网结构

（3）交直流混合微电网是指采用交流母线和直流母线共同构成的微电网。图 6.2-5 所示为交直流混合微电网结构，含有交流母线和直流母线，可以直接给交流负荷和直流负荷供电。整体上，交直流混合微电网是特殊电源接入交流母线，仍可以看成是交流微电网。

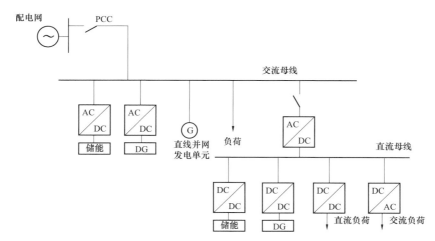

图 6.2-5　交直流混合微电网结构

6.3　微电网的现状

美国近年来发生了几次较大的停电事故,使美国电力工业十分关注电能质量和供电可靠性,因此美国对微电网的研究着重于利用微电网提高电能质量和供电可靠性。

日本本土资源匮乏,其对可再生能源的重视程度高于其他国家,但很多新能源具有随机性,穿透功率极限限制了新能源的应用,所以日本在微电网方面的研究更强调控制与电储能。

欧洲希望通过优化从电源到用户的价值链来推动和发展分布式电源 DERs,以使用户、电力系统及环境受益。欧洲互联电网中的电源大体上靠近负荷,比较容易形成多个微电网,所以欧洲微电网的研究更多关注于多个微电网的互联问题。

中国的微电网技术研究开始于 2004 年左右,按照美国电力可靠性技术解决方案学会(CERTS)的微电网理念开展研究工作,主要针对分布式电源的联网及其对配电网的影响等技术方面。目前,随着研究工作的不断深入,已经涉及了几乎所有技术方向,包括:① 研究微电网(包括分布式电源)规划与设计,以使微电网能够更优地发挥其对配电网的正面作用,改善供电质量和可靠性;② 研究微电源运行特性,为分布式电源的选择提供依据;③ 研究微电网运行控制与能量管理(包含储能技术),以提高微电网运行效率并降低排放;④ 研究微电网并网问题,以减小微电网接入对配电网的扰动,发挥微电网提高供电可靠性的优势;⑤ 研究微电网孤岛运行;⑥ 研究微电网保护等。

以天津大学、合肥工业大学、西安交通大学、中国科学研究院(简称中科院)电工所为代表的多家科研院所建立了自己的微电网实验系统,在微电网技术研究方面处于国内领先地位。

天津大学的学者们从电力系统规划和设计入手,在国家重点基础研究发展计划(973)和高技术发展计划(863)等国家项目的支持下,开展了微电网(分布式电源)规划设计,包含分布式电源的配电网运行控制保护,微电网运行管理等方面工作,而且建成了小型微电网实验室和综合微电网实验室。该系统具有灵活的网络结构，实验电压为单相 230V、频率 50Hz，由蓄电池储能系统、光伏发电模拟系统、风力发电模拟系统以及相关控制系统构成。系统中设有上层控制器，用于系统的能量调度管理。该系统具有联网和孤岛两种稳态运行模式，以及有联网到孤岛模式切换、孤岛到联网模式切换两种暂态模式。

合肥工业大学通过与加拿大新布伦瑞克大学合作研究，建立了多能源发电微电网实验平台，进行了微电网的优化设计、控制及调度策略等研究。该平台包括 30kW 单/三相光伏发电系统，30kW 单/三相风力发电模拟系统，5kW 燃料电池发电系统，300Ah 蓄电池组，1800F 超级电容器组，2 套 15kW 常规发电机组。

西安交通大学在国家 863 高技术发展计划和国家自然科学基金的支持下，深入研究了微电网的电力电子装置拓扑与控制技术。在微电网的结构上进行了深入地研究，其研究的微电网主要考虑了几种较为常用的能源形式，包括风能、太阳能、汽油发电机等，储能包括蓄电池、超级电容等。

中科院电工研究所是中国较早进行微电网相关技术研究工作的科研院所。该研究所在国家 863 高技术发展计划和国家自然科学基金等多个项目的支持下，在微电网分布式发电技术的基础理论、关键技术、实验平台建设等方面进行了深入细致的研究工作。研发了一系列微型电网控制和保护技术与装备。建立了微电网试验平台，实现了发电单元并网逆变器和其他配件单元的设计和调试，设计了满足微网实验室要求的热电联供系统。建立了超级电容器性能分析和测试、动态电压模拟和交直交电机驱动系统节电软件仿真等实验平台。另外，该研究所还建成了多个可再生能源发电技术实验室。

2008 年初的冰雪天气导致我国发生大面积停电，暴露了我国现有的网架结构在保障用户供电方面所存在的薄弱环节。微电网既可以联网运行，又可以孤岛运行，能保证在恶劣天气下对用户供电。微电网在满足多种电能质量要求和提高供电可靠性等方面有诸多优点，使它完全可以作为现有骨干电网的一个有益而又必要的补偿。另一方面，我国"十二五"规划纲要提出了到 2020 年建成 18GW 风电、2GW 太阳能发电的发展目标，在不久的将来将有风电和光伏等 DERs 不断接入电网。微电网在协调大电网与 DERs 间的矛盾，充分挖掘分布式能源为电网和用户所带来的价值和效益等方面具有优势，使其能够在中国未来电网的发展中发挥很重要的作用。但是，中国微电网的发展尚处在起步阶段，在今后微电网的研究和发展中，以下几个方面的问题需要给予更多的关注：

（1）微电网中含有多个微电源，各微电源之间的协调控制是一个需要重点考虑的问题。微电网中含有传统的电源方式（燃气轮机等）、新型的 DERs（风电和光伏等）和各种储能元件。这些元件的时间常数各不相同，而电力系统中的能量都是瞬时平衡的，如何协调这些元件的控制策略，保持微电网运行的稳定性，尽最大可能利用微电网中的分布式发电所带来的经济效益和对可靠性的改善，尽量减少这些不可控源对主网的冲击等，都需要做进一步的探讨和研究。

（2）微电网中引入了很多先进的电力电子设备，它们大都是灵活可控的，如何实现对这些设备的智能控制和最优控制也是一个很重要的问题。微电网中的最优控制问题为一个多目标非线性的控制问题，国内外的许多学者提出了很多智能方法，如遗传算法和粒子群法等，这些方法多为离线计算，很难实现在线监测和实时控制。需要寻找新的满足微电网要求的优化算法和控制策略。

（3）微电网和上级电网是互为备用、相互支持的一个有机整体。加强微电网和主网之间的协调控制，以提高微电网对上级电网的支撑能力对于电网的稳定具有重要意义。

（4）微电网在并网和孤岛运行下的稳定性分析。在保持本地电压稳定的同时，降低馈线损耗，提高微电网的能量利用率。

（5）微电网中的微电源，如风电、光伏发电等，大都采用全控型换流器，这些电力电子设备的引入很可能会带来一些谐波方面的问题。因此，对于微电网谐波问题需要做进一步的探讨和研究。

（6）现有的小发电机组并入微电网的可行性分析。中国目前有许多老的发电机组因为煤耗率过高已经停运或面临着拆除。这些机组容量较小，却又大都靠近负荷区。微电网是冷、热、电三联供系统，所采用的传统的发电机组是小型的发电机组。基于此，可以考虑对现有小型发电机组进行技术改造，将其并入微电网，组成区域性的小型微网，从而实现对现有资源的合理再利用，减少新的投资费用。

微电网的出现将从根本上改变传统的应对负荷增长的方式，其在降低能耗、提高电力系统可靠性和灵活性等具有巨大潜力。世界上很多国家都参与到微电网的研究和开发中，建立了很多微电网示范工程和测试平台，关于微电网的理论和实验研究已经取得了一定成果，国际的研讨和交流也极大地推动了微电网的发展。但是在如何实现微电网的最优控制、微电网的监控和微电网对上级电网的支撑等方面仍存在诸多问题，有待于进一步研究。

我国正处在工业化和城镇化的高速进程中，能源需求持续增长，能源对外依存度高，环境治理压力大。资源和环境的双重压力促使我国重视发展可再生能源和微电网。在《中华人民共和国可再生能源法》等一系列国家政策法规的鼓励引导下，在国家科技部"973"项目、"863"项目及国家自然科学基金等资金支持下，国内众多高校、科研机构和企业投入到可再生能源和微电网的研究开发和应用实践中，建设了一批微电网示范工程。我国微电网示范工程大致可分为三类：边远地区微电网、海岛微电网和城市微电网。

6.3.1 边远地区微电网

我国边远地区人口密度低、生态环境脆弱，扩展传统电网成本高，采用化石燃料发电对生态环境的损害大。但边远地区风光等可再生能源丰富，因此利用本地可再生分布式能源的独立微电网是解决我国边远地区供电问题的合适方案。目前我国已在西藏、青海、新疆、内蒙古等省份的边远地区建设了一批微电网工程，解决当地的供电困难，部分微电网如表 6.3–1 所示。

表 6.3–1　　　　　　　　　我国部分边远地区微电网示范工程

示范工程名称	系统组成	主要特点
新疆吐鲁番新城新能源微电网示范区	13.4MW 光伏容量（包括光伏和光热），储能系统	当前国内规模最大、技术应用最全面的太阳能利用与建筑一体化项目
西藏阿里地区狮泉河微电网	10MW 光伏电站，6.4MW 水电站，10MW 柴油发电机组，储能系统	光电、水电、火电多能互补；海拔高、气候恶劣
西藏日喀则地区吉角村微电网	总装机 1.4MW，由水电、光伏发电、风电、电池储能、柴油应急发电构成	风光互补；海拔高、自然条件艰苦
西藏那曲地区丁俄崩贡寺微电网	15kW 风电，6kW 光伏发电，储能系统	风光互补；西藏首个村庄微电网
青海玉树州玉树县巴塘乡 10MW 级水光互补微电网	2MW 单轴跟踪光伏发电，12.8MW 水电，15.2MW 储能系统	兆瓦级水光互补，全国规模最大的光伏微电网电站之一

续表

示范工程名称	系统组成	主要特点
青海玉树州杂多县大型光伏储能微电网	3MW 光伏发电，3MW/12MWh 双向储能系统	多台储能变流器并联，光储互补协调控制
青海海北州门源县智能光储路灯微电网	集中式光伏发电和锂电池储能	高原农牧地区首个此类系统，改变了目前户外铅酸电池使用寿命在两年的状况
内蒙古额尔古纳太平林场微电网	200kW 光伏发电，20kW 风电，80kW 柴油发电，100kWh 铅酸蓄电池	边远地区林场可再生能源供电解决方案
内蒙古呼伦贝尔市陈巴尔虎旗微电网	100kW 光伏发电，75kW 风电，25kW×2h 储能系统	新建的移民村，并网型微电网

注 表中除陈巴尔虎旗微电网为并网型微电网外，其余均为独立型微电网。

6.3.2 海岛微电网

我国拥有众多的海岛，其中居民的海岛超过 450 个岛。这些海岛大多依靠柴油发电在有限的时间内供给电能，目前仍有近百万户沿海或海岛居民生活在缺电的状态中。考虑到向海岛运输柴油的高成本和困难性以及海岛所具有的丰富可再生能源，利用海岛可再生分布式能源、建设海岛微电网是解决我国海岛供电问题的优选方案。从更大的视角看，建设海岛微电网符合我国的海洋大国战略，是我国研究海洋、开发海洋、走向海洋的重要一步。

相比其他微电网，海岛微电网面临独特的挑战，包括：① 内燃机发电方式受燃料运输困难和成本及环境污染因素限制；② 海岛太阳能、风能等可再生能源间歇性、随机性强；③ 海岛负荷季节性强、峰谷差大；④ 海岛生态环境脆弱、环境保护要求高；⑤ 海岛极端天气和自然灾害频繁。为了解决这些问题，我国建设了一批海岛微电网示范工程，在实践中开展理论、技术和应用研究，部分示范工程如表 6.3-2 所示。

表 6.3-2　　　　　　　我国部分海岛微电网示范工程

示范工程名称	系统组成	主要特点
广东珠海市东澳岛兆瓦级智能微电网	1MW 光伏发电，50kW 风力发电，2MWh 铅酸蓄电池	与柴油发电机和输配系统组成智能微电网，提升全岛可再生能源比例至70%以上
广东珠海市担杆岛微电网	5kW 光伏发电，90kW 风力发电，100kW 柴油发电，10kW 波浪发电，442kWh 储能系统	拥有我国首座可再生独立能源电站；能利用波浪能；具有 60t/天的海水淡化能力

示范工程名称	系统组成	主要特点
浙江东福山岛微电网	100kW 光伏发电，210kW 风力发电，200kW 柴油发电，1MWh 铅酸蓄电池储能系统	我国最东端的有人岛屿；具有 50t/天的海水淡化能力
浙江南麂岛微电网	545kW 光伏发电，1MW 风力发电，1MW 柴油发电，海洋能发电30kW，1MWh 铅酸蓄电池储能系统	能够利用海洋能；引入了电动汽车充换电站、智能电能表、用户交互等先进技术
浙江鹿西岛微电网	300kW 光伏发电，1.56MW 风力发电，1.2MW 柴油发电，4MWh 铅酸电池储能系统，500kW×15s 超级电容储能	具备微电网并网与离网模式的灵活切换功能
海南三沙市永兴岛微电网	500kW 光伏发电，1MWh 磷酸铁锂电池储能系统	我国最南方的微电网

注 表中除浙江鹿西岛微电网为并网型微电网外，其余均为独立型微电网。

6.3.3 城市微电网及其他微电网

除了边远地区微电网和海岛微电网，我国还有许多城市微电网示范工程，重点示范目标包括集成可再生分布式能源、提供高质量及多样性的供电可靠性服务、冷热电综合利用等。另外还有一些发挥特殊作用的微电网示范工程，如江苏大丰的海水淡化微电网项目。我国部分城市微电网及其他微电网的基本情况和特点如表 6.3.3 所示。

表 6.3-3　　　　我国部分城市微电网及其他微电网示范工程

示范工程名称	系统组成	主要特点
天津生态城二号能源站综合微电网	400kW 光伏发电，1489kW 燃气发电，300kWh 储能系统，2340kW 地源热泵机组，1636kW 电制冷机组	灵活多变的运行模式；电冷热协调综合利用
天津生态城公屋展示中心微电网	300kW 光伏发电，648kWh 锂离子电池储能系统，2×50kW×60s 超级电容储能系统	"零能耗"建筑，全年发用电量总体平衡
江苏南京供电公司微电网	50kW 光伏发电，15kW 风力发电，50kW 铅酸蓄电池储能系统	储能系统可平滑风光出力波动；可实现并网/离网模式的无缝切换
浙江南都电源动力公司微电网	55kW 光伏发电，1.92MWh 铅酸蓄电池/锂电池储能系统，100kW×60s 超级电容储能	电池储能主要用于"削峰填谷"；采用集装箱式，功能模块化，可实现即插即用
河北承德市生态乡村微电网； 广东佛山市微电网	50kW 光伏发电，60kW 风力发电，128kWh 锂电池储能系统 3 台 300kW 燃气轮机	为该地区广大农户提供电源保障，实现双电源供电，提高用电电压质量冷热电三联供技术

续表

示范工程名称	系统组成	主要特点
北京延庆智能微电网	1.8MW 光伏发电，60kW 风力发电，3.7MWh 储能系统	结合我国配网结构设计，多级微电网架构，分级管理，平滑实现并网/离网切换
国网河北省电科院光储热一体化微电网	190kW 光伏发电，250kWh 磷酸铁锂电池储能系统，100kWh 超级电容储能，电动汽车充电桩，地源热泵	接入地源热泵，解决其启动冲击性问题；交直流混合微电网
江苏大丰市风电淡化海水微电网	2.5MW 风力发电，1.2MW 柴油发电，1.8MWh 铅碳蓄电池储能系统，1.8MW 海水淡化负荷	研发并应用了世界首台大规模风电直接提供负载的孤岛运行控制系统

6.4 微电网的发展

6.4.1 微电网的重要意义

目前，国内外微电网还处于试验示范阶段，尚未实现商业化运行，但是微电网的研究和应用对于我国具有重要意义。

6.4.1.1 微电网可以促进可再生能源分布式发电的并网、有利于可再生能源在我国的发展

2006 年 1 月 1 日正式生效的《中华人民共和国可再生能源法》，其中特别将可再生能源综合利用的研究列为研究开发的重点领域。而且，可再生能源利用、节能和环保列入了国家中长期科技发展计划和"十二五"发展规划中，是当前国家重点支持的科技攻关和发展领域。然而处于电力系统管理边缘的大量分布式电源并网有可能造成电力系统不可控、不安全和不稳定，从而影响电网运行和电力市场交易，所以分布式发电面临着许多技术障碍和质疑。微电网可以充分发挥分布式发电的优势、消除分布式发电对电网的冲击和负面影响，是一种新的分布式能源组织方式和结构。微电网通过建立一种全新的概念，使用系统的方法解决分布式发电并网带来的问题。通过将地域相近的一组微能源、储能装置与负荷结合起来进行协调控制，微电网对配电网表现为"电网友好型"的单个可控集合，可以与大电网进行能量交换，在大电网发生故障时可

以独立运行。

6.4.1.2 微电网可以提高电力系统的安全性和可靠性、有利于电力系统抗灾能力建设

2008 年我国南方地区大范围低温雨雪冰冻和汶川特大地震灾害中，电力设施遭受大面积损毁，给社会经济发展和人民群众生活造成严重影响。2008 年 6 月，国务院批准了国家发展改革委、电监会制订的《关于加强电力系统抗灾能力建设的若干意见》（简称《若干意见》），要求各地和有关部门分析总结各种自然灾害对电力系统的影响，兼顾安全性和经济性，修订和完善适合中国国情的电力建设标准和规范。《若干意见》中规定，鼓励以清洁高效为前提，因地制宜、有序开发建设小型水力、风力、太阳能、生物质能等电站，适当加强分布式电站规划建设，提高就地供电能力。《若干意见》要求医院、矿山、广播电视、通信、交通枢纽、供水供气供热、金融机构等重要用户，应自备应急保安电源，妥善管理和保养相关设备，储备必要燃料，保障应急需要。

目前，我国电力工业发展已进入大电网、特电压、远距离、大容量阶段，全国电网已实现互联，网架结构日益复杂。实现区域间的交流互联，理论上可以发挥区域间事故支援和备用作用，实现电力资源的优化配置。但是，大范围交流同步电网存在大区间的低频振荡和不稳定性，其动态稳定事故难以控制，造成大面积停电的可能性大。厂网分开后，市场利益主体多元化，厂网矛盾增多，厂网协调难度加大，特别是对电网设备的安全管理不到位，对电力系统安全稳定运行构成了威胁。与常规的集中供电电站相比，微电网可以和现有电力系统结合形成一个高效灵活的新系统，具有以下优势：无须建设配电站，可避免或延缓增加输配电成本，没有或很低的输配电损耗，可降低终端用户的费用；小型化，对建设场所要求不高，不占用输电走廊，施工周期短，高效性灵活，能够迅速应付短期激增的电力需求，供电可靠性高，同时还可以降低对环境的污染等。2008 年我国南方地区大范围低温雨雪冰冻和汶川特大地震灾害之所以对电力工业造成如此重大的损失，其中一个原因就是有的负荷中心没有电源点，使得电网在灾害面前大面积停电。而微电网可以提高负荷中心的就地供电能力，从受灾地内部提供电能供应，从而在一定程度上降低停电损失，而且在一定条件下还可以为大电网的黑启动提供电源。因此有必要在国家大电网格

局下，积极发展微电网。

6.4.1.3 微电网可以提高供电可靠性和电能质量、有利于提高电网企业的服务水平

供电可靠性是电力可靠性管理的一项重要内容，直接体现了供电系统对用户的供电能力，是供电系统在规划、设计、基建、施工、设备选型、生产运行、供电服务等方面的质量和管理水平的综合体现。供电的中断，不但会引起工农业生产的经济损失，而且会影响人民的生活和社会的安定。较高的供电可靠性不仅是企业自身发展的要求，也是适应市场、提高企业效益、深化企业优质服务、树立良好的企业形象的需要。供电可靠性指标已成为供电企业对外承诺的重要内容，同时也成为供电企业达标创一流的必达指标。随着经济的发展，负荷密度进一步加大、电力体制的不断改革和社会的不断进步，配电网供电可靠性管理在供电企业中的地位越来越重要，所以提高配电网供电可靠性具有特别重要的意义。伴随社会的进步和人民生活质量的提高，全社会对供电质量和不间断供电的要求日益提高，对停电即使是短时停电都难以承受。因此，采取各种措施努力提高供电可靠性、减少非计划停电时间、加快恢复供电的速度、保持高的电能质量是摆在配电网管理者面前严峻的任务。

微电网可以根据终端用户的需求提供差异化的电能，根据微电网用户对电力供给的不同需求将负荷分类，形成金字塔形的负荷结构。例如，对电能质量和可靠性要求不高的多数负荷，如水泵、照明、娱乐等负荷位于金字塔的底层，而对电能质量和供电可靠性要求极高的少数负荷，如医疗、军事等负荷位于金字塔的顶层。负荷分级的思想体现了微电网个性化供电的特点，微电网的应用有利于电网企业向不同终端用户提供不同的电能质量及供电可靠性。

6.4.1.4 微电网可以延缓电网投资、降低网损，有利于建设节约型社会

传统的供电方式是由集中式大型发电厂发出的电能，经过电力系统的远距离、多级变送为用户供电。而微电网采取电能在靠近用户的地方生产并直接为用户供电的方式，即"就地消费"，因此能够有效减少对集中式大型发电厂电力生产的依赖以及远距离电能传输、多级变送的损耗，从而延缓电网投资，降低网损。节约资源能源已成为世界范围内的共同行动。电网企业在建设能源节约型、环境友好型社会中扮演着重要角色，建设微电网，有利于技术进步，提高

电网的技术含量，是打造现代化节能型电网的重要举措，也是国家电网公司主动承担社会责任的具体体现。

6.4.1.5 微电网可以扶贫、有利于社会主义新农村建设

我国尚有一些无电人口，大多数居住在西部地区分散的村落，常规供电方法根本无法满足其用电需求。微电网能够比较有效地解决我国西部地区目前常规供电所面临的输电距离远、功率小、线损大、建设变电站费用昂贵的问题，为我国边远及常规电网难以覆盖的地区的电力供应提供有力支持。

6.4.2 微电网与智能配电系统

我国正处于全面建设坚强智能电网阶段，智能配电系统是坚强智能电网的重要组成部分。智能配电系统将以先进的信息与通信技术为基础，通过应用和融合先进的测量和传感技术、控制技术、计算机和网络技术、高级自动化技术等，集成各种具有高级应用功能的信息系统，利用智能化的开关设备、配电终端设备，实现配电网在正常运行状态下可靠的监测、保护、控制和优化，并在非正常运行状态下具备自愈控制功能，最终为电力用户提供安全、可靠、优质、经济、环保的电力供应和其他附加服务。配电系统中大量微电网的存在将改变电力系统在中低压层面的结构与运行方式，实现分布式电源、微电网和配电系统的高度有效集成，充分发挥各自的技术优势，解决配电系统中大规模可再生能源的有效分散接入问题，也正是智能配电系统面临的主要任务之一。

当前，分布式发电技术、微电网技术和智能配电网技术分别处于不同的发展阶段。很多类型的分布式发电技术已经比较成熟，并处于规模化应用阶段，各国政府政策上的支持加快了分布式发电技术的推广与应用，未来影响分布式发电技术广泛应用的障碍将不仅仅是分布式发电本身的技术问题，其并网后带来的电网运行问题同样重要；微电网技术从局部解决了分布式电源大规模并网时的运行问题，同时，它在能源效率优化等方面与智能配电网的目标相一致。从某种意义上看，微电网已经具备了智能配电网的雏形，它能很好地兼容各种分布式电源，提供安全、可靠的电力供应，实现系统局部层面的能量优化，起到了承上启下的作用。微电网技术的成熟和完善关系到分布式发电技术的规模化应用以及智能配电网的发展。相对于微电网，智能配电网则是站在电网的角

度来考虑未来系统中的各种问题,它具有完善的通信功能与更加丰富的商业需求,分布式发电和微电网的广泛应用构成了智能配电网发展的重要推动力,智能配电网本身的发展也将更加有助于分布式发电与微电网技术的大规模应用。分布式发电、微电网、智能配电系统都将是智能电网的重要组成部分。

6.4.3 微电网与主动配电网

近年来,分布式电源(DG)接入量不断增大、电动汽车不断增大的普及率以及可控负荷的增多,使得传统配电网将面临诸多的挑战;尤其在当前分布式光伏相关国家鼓励政策不断出台,高渗透分布式光伏电源接入配电网所可能导致的电压水平升高、短路电流增大、供电可靠性降低以及电能质量恶化等问题显得尤其突出,将打破传统配电网潮流单向辐射状供电模式。为了应对以上问题,传统配电网已逐渐从被动模式向主动模式转变。国际大电网会议(CIGRE)于 2008 年提出了主动配电网(Actived Distribution Network,ADN)的概念,清晰地表明 ADN 可以通过使用灵活的网络拓扑结构来管理潮流,以便对局部的 DG 进行主动控制和主动管理,得到了广泛的认可。对于 ADN 也有文献称之为有源配电网,有源配电网与主动配电网这两个概念既有区别又有联系。它们反映了配电网现代或未来的两个基本特征:一是"有源",功率的双向流动;二是"主动",即采用主动的控制、管理方法。有源配电网反映了配电网接有 DG 的物理特征,而 ADN 则强调了配电网具有主动的调节与控制能力的属性。如 DG 发电功率与负荷在时间和空间上的不匹配,引起的最主要问题是可能出现的功率倒送,一定程度后可能造成电压升高,甚至超出国家标准规定范围,此时需要进行主动控制;由于 DG 通常经电力电子装置接入,规模过大相互影响可能会引起配电网的电能质量问题,甚至超出国家标准,此时需要进行主动控制。但是,不同的网架结构接入的 DG 能力有所不同。当配电网相对较强并且功率与负荷的匹配特性较好时,DG 的渗透率可能达到百分之七八十,甚至更高;当配电网相对较弱并且功率与负荷的匹配特性较差时,DG 的渗透率可能只有百分之二三十,甚至更低。应结合配电网具体情况等条件,考虑相关国家标准来决定是否进行主动控制。总之,有源配电网须"主动",才能有效集成 DG,而 ADN 须"有源",才能发挥其自身能力。

微电网也被看作可再生能源和电动汽车接入电网的有效平台，但是基于微电网所进行的配电网管理方面的研究非常少。目前普遍认为并网型微电网只是原有配电网的一个附属结构，或者将微电网看作配电网的一个延伸。随着微电网和 ADN 的发展，未来微电网在 ADN 中扮演的角色值得进一步研究。微电网和配电网的融合交叉将是一种发展模式，微电网对于提高供电可靠性和电能质量具有重要作用。应大力研究基于微电网模式下的 ADN 协调控制和管理等技术，为实现坚强的配电网提供有力的支撑。

6.4.4 微电网与全球能源互联网

世界能源发展面临资源紧张、环境污染、气候变化三大难题。解决这些难题，必须走清洁发展道路，实施"两个替代"，实现清洁能源占主导和全球能源优化配置，以清洁和绿色方式满足全球电力需求。构建全球能源互联网，是能源安全发展、清洁发展、可持续发展的必由之路。全球能源互联网是以特高压电网为骨干网架、全球互联的坚强智能电网，是清洁能源在全球范围大规模开发、配置、利用的基础平台，实质就是"特高压电网+智能电网+清洁能源"。特高压电网是关键，智能电网是基础，清洁能源是重点。全球能源互联网是集能源传输、资源配置、市场交易、信息交互、智能服务于一体的"物联网"，是共建共享、互联互通、开放兼容的"巨系统"，是创造巨大经济、社会、环境综合价值的和平发展平台。

分布式电源是充分利用分散能源的重要方式，也是未来清洁能源开发利用的重要途径。预计到 2050 年，全球本地集中式开发的水能、风能、太阳能等可再生能源发电量占总发电量的 55%，而全球分布式发电量约占总发电量 15%。预计 2050 年分布式能源发电量折合成标准煤约 35 亿 t，其中太阳能发电是最主要的分布式发电形式，约占 54%左右，其次为水电约占 21%，如图 6.4-1 所示。分布式电源的大规模发展将成为趋势，适应并促进大规模分布式能源的接入与安全经济运行是智能电网面临的重要使命。

未来需要对在复杂形态的交直流混合微电网、冷热电联供微电网、多微电网并列运行控制技术以及微电网与大电网协调运行等领域深入的研究，更好地融入各国的智能电网中。

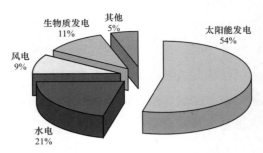

图 6.4-1 2050 年分布式发电量结构

（1）微电网与大电网协调优化运行技术。由于微电网内设备种类繁多，控制方式和运行特性各异，需要在控制系统结构设计、通信网络设计、控制技术等诸多方面开展标准化研究，实现成套设备设计标准化、模块化，提高微电网与大电网协调控制系统的通用性和可扩展性。

（2）微电网能量优化管理技术。微电网将集成太阳能、风能、生物质能等多种能源和燃料电池、储能系统等多种能源转换单元，向用户提供冷、热、电等多种能源产品，不确定和时变性更强，需要深入研究微电网能量优化管理技术，优化微电网的运行，提高整体运行效率。

随着微电网和分布式电源技术的发展与融合，未来可以实现分布式电源即插即用、与用电需求侧灵活互动、与大电网协调运行，成为各国智能电网乃至全球能源互联网的重要组成部分。

7 微电网技术

7.1 微电网控制与运行技术

微电网具有先进灵活的控制方式，并且整合了较高比例的分布式清洁能源，是未来智能配电网的重要组成部分。与传统配电网相比，微电网中大量的分布式电源不仅会改变潮流的方向，而且风力发电、太阳能光伏发电等新能源的随机性，也会给微电网运行带来较大的影响。在分布式电源接入条件下，采用先进可靠的控制方法实现微电网的安全稳定运行是一项重要任务。

微电网需要的控制和运行，与微电网中分布式电源的类型及其渗透率、负荷特性及电能质量要求等约束条件有关，相对于传统电力系统有显著差异。

7.1.1 微电网控制技术

微电网根据接入主电网的不同，分为并网型微电网和高渗透率独立微电网（主要是指常规电网辐射不到的地方，包括海岛、边远山区、农村等，采用柴油发电机组或燃气轮机构成主电网，分布式发电接入容量接近或超过主网配电系统）。并网型微电网由于主电网强，仅需稳态控制即可；高渗透率独立微电网由于主电网弱，控制复杂，需要稳态、动态、暂态的三态控制。

7.1.1.1 并网型微电网控制技术

采用合理的控制策略，并网型微电网可以并网运行或离网运行（又称孤岛运行或孤网运行），并根据实际需要在并网、离网两种运行状态之间转换。并网运行时，微电网与大电网联网运行，向大电网提供多余的电能以吸收 DG 发出多余的电能或由大电网补充自身发电量的不足以提供负荷功率缺额。离网运行时，当检测到大电网故障或电能质量不满足要求时，以及当需要检修等需要进行计划孤岛时，微电网与大电网断开形成孤岛模式，由 DG、储能给负荷提供电能，达到新的能量平衡，提高供电可靠性，保证重要负荷不间断供电。

（1）微电网的并网控制。并网分为检无压并网和检同期并网。

1）检无压并网。检无压并网是在微电网停运，储能及 DG 没有开始工作，由配电网给负荷供电，公共连接点 PCC 的断路器应能满足无压并网。检无压并网逻辑如图 7.1-1 所示，检无压并网一般采用手动合闸或遥控合闸，图中，"$U_x<$"表示电网侧无压，"$U_{DG}<$"表示微电网侧无压。

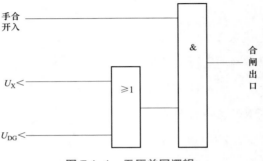

图 7.1-1　无压并网逻辑

2）检同期并网。检同期并网检测到外部电网恢复供电，或接收到微电网能量管理系统结束计划孤岛命令后，先进行内外部两个系统的同期检查，当满足同期条件时，闭合 PCC 的断路器，并发出并网模式切换指令，主控电源由 U/f 模式切换为 P/Q 模式，PCC 断路器闭合后，系统恢复并网运行。检同期并网逻辑如图 7.1-2 所示。图中"$U_x>$"表示电网侧有压，"$U_{DG}>$"表示微电网侧有压，延时 4s 是为了确认有压。

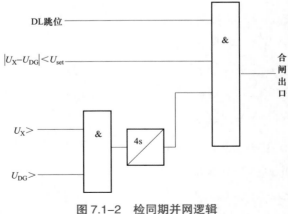

图 7.1-2　检同期并网逻辑

（2）微电网的离网控制。

1）"有缝"并网转离网切换。由于 PCC 断路器动作时间较长，并网转离网过程中会出现电源短时间的消失，也就是所谓的"有缝切换"。

在外部电网故障、外部停电，检测到并网母线电压、频率超出正常范围，或接受上层能量管理系统发出的计划孤岛命令时，快速断开 PCC 断路器，并切除多余负荷（也可以根据实际情况切除多余分布式发电），启动主控电源控制模式切换，由 *P*/*Q* 模式切换为 *V*/*f* 模式，以恒频恒压输出，保持微电网电压和频率的稳定。

在此过程中，DG 的孤岛保护动作，退出运行。主控电源启动离网运行恢复重要负荷供电后，DG 将自动并入系统运行。为了防止所有 DG 同时启动对离网系统造成巨大冲击，各 DG 启动应错开，并且由微电网控制中心（micro-grid control center，MGCC）控制启动后的 DG 逐步增加出力直到其最大出力，在逐步增加 DG 出力的过程中，逐步投入被切除的负荷，直到负荷或 DG 出力不可调，发电和用电在离网期间达到新的平衡。图 7.1-3 为"有缝"并网转离网切换流程图。

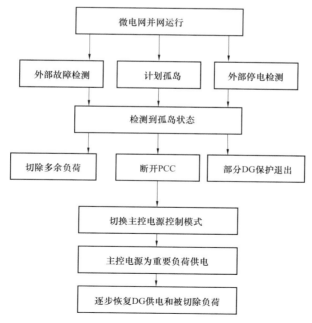

图 7.1-3 "有缝"并网转离网切换流程图

2）"无缝"并网转离网切换。对供电可靠性有更高要求的微电网，可采用无缝切换方式。无缝切换方式需要采用大功率固态开关（导通或关断时间不大于 10ms）来弥补机械断路器开断较慢的缺点，同时需要优化微电网的结构，如图 7.1–4 所示，将重要负荷、适量的 DG、主控电源连接于一段母线，该母线通过一个静态开关连接于微电网总母线中，形成一个离网瞬间可以实现能量平衡的子供电区域。其他的非重要负荷直接通过公共连接点断路器与主网连接。

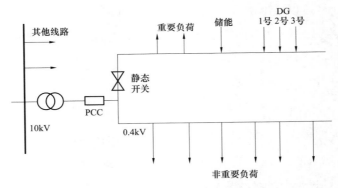

图 7.1–4　采用固态开关的微电网结构

7.1.1.2　高渗透率独立微电网三态控制技术

独立微电网由于 DG 接入渗透率高，不容易控制，对高渗透率独立微电网采用稳态恒频恒压控制、动态切机减载控制、暂态故障保护控制的三态控制，保证高渗透率独立微电网的稳定运行。图 7.1–5 所示为独立微电网三态控制系统图，各个节点均有智能采集终端，把节点电流电压信息通过网络上送到微电网控制中心 MGCC，MGCC 由三态稳定控制系统构成（集中保护控制装置、动态稳定控制装置和稳态能量管理系统），三态稳定控制系统根据电压动态特性及频率动态特性，对电压及频率稳定区域按照一定级别划为一定区域进行控制。

A 区域：在额定电压、频率附近，偏差在电能质量要求范围内，属于波动的正常区域

B 区域：稍微超出电压、频率允许波动范围，通过储能调节，很快回到 A 区域。

C 区域：严重超出电压、频率允许波动范围，需通过切机、切负荷，使系统稳定。

D 区域：超出电压、频率可控范围，电网受到大的扰动，如故障等，应快

速切除故障，恢复系统稳定。

以上各区域均有两个子区域，高于额定电压、频率的区域为 H 子区域，低于额定电压、频率的区域为 L 子区域。

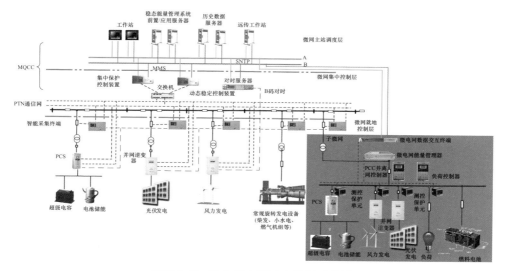

图 7.1-5　独立微电网三态控制系统图

（1）微电网稳态恒频恒压控制。独立微电网稳态运行时，负荷变化不大，柴油发电机组发电及各 DG 发电与负荷用电处于稳态平衡，电压、电流、功率等持续在某一平均值附近变化或变化很小。由稳态能量管理系统采用稳态恒频恒压控制使储能平滑 DG 出力。实时监视分析系统当前的电压 U、频率 f、功率 P。若负荷变化不大，U、f、P 在正常范围内，检查各 DG 发电状况，对储能进行充放电控制，其流程图如图 7.1-6 所示。

（2）微电网动态切机减载控制。独立微电网系统没有可参与一次调整的调速器、二次调整的调频器，系统因负荷变化造成动态的扰动，不具备进入新的稳定状态并重新保持稳定运行的能力，因此采用动态切机减载控制，由动态稳定控制装置实现独立微电网系统动态稳定控制。各节点的智能终端采集上送各节点量测数据到动态稳定控制装置，动态稳定控制装置实时监视分析系统当前的电压 U、频率 f、功率 P。若负荷变化大，U、f、P 超出正常范围，通过对储能充放电控制、DG 发电控制、负荷控制，达到平滑负荷扰动，实现微电网电压、频率动态平衡，其流程图如图 7.1-7 所示。

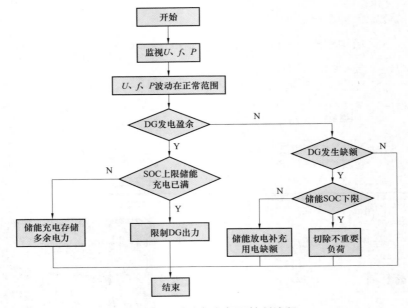

图 7.1-6 稳态恒频恒压控制流程

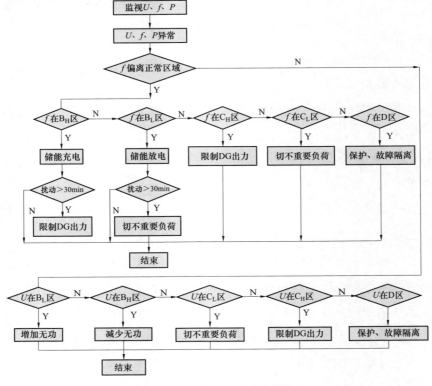

图 7.1-7 动态切机减载控制流程

（3）微电网暂态故障保护控制。独立微电网系统暂态稳定是指系统在某个运行情况下突然受到短路故障、突然断线等大的扰动后，能否经过暂态过程达到新的稳态运行状态或恢复到原来的状态。独立微电网系统发生故障，若不快速切除，会失去频率稳定性，发生频率崩溃，引起整个系统全停电。对独立微电网系统暂态稳定的要求：主网配电系统故障，如主网配电系统的线路、母线、升压变压器、降压变压器等故障，由继电保护装置快速切除。

根据独立微电网故障发生时的特点，采用快速的分散采集和集中处理相结合的方式，由集中保护控制装置实现故障的快速切除。

7.1.2 微电网运行技术

一般来说，微电网有主从结构、对等结构和分层结构三种结构，不同结构的微电网采取的运行控制策略也有很大区别，尤其体现在微电网的孤岛运行方式下。

7.1.2.1 主从结构微电网运行控制策略

主从结构的微电网中通常选择一个分布式电源作为主电源，而将其他分布式电源作为从电源。主电源负责监控微电网中各种电气量的变化，并根据实际运行情况进行调节。此外，主电源还负责储能装置和负荷的管理，以及微电网与大电网之间的联系与协调。从电源只需按照主电源的控制设定输出相应的有功功率和无功功率，不需要直接参与微电网的运行调节。主从结构微电网中主电源和从电源之间需要建立快速可靠的通信连接，以便主电源能够调节从电源的运行点来配合实现对微电网运行的控制。

微电网并网运行时，其频率和电压都由大电网提供支持，微电网内部的分布式电源只需输出一定的有功和无功功率维持微电网内部近似的功率平衡，所以主电源可以采用 P/Q 或 P/V 控制方法，其他从电源一般采取 P/Q 控制方法。由主电源负责设置自身和其他从电源的 P/Q 控制运行点，并根据风、光等可再生能源情况和负荷需求实时调整。

微电网孤岛运行时，由主电源负责调节微电网的频率和电压，通常采用 V/f 控制，其他从电源仍然可以采用 P/Q 控制或调整为 P/V 控制方法。主从结构微电网中要求主电源具有较大的可调容量范围和快速的调节能力，在孤岛运行时能够维持输出的频率和电压稳定。当主电源调节能力不足时，需要对储能装置和可控负荷进行快速控制对主电源提供支持。

主从结构微电网的可靠性较差，一旦主电源出现故障时，整个微电网将无法继续运行。主从结构微电网的规模一般较小，从电源因故障或其他原因退出运行也会对微电网产生较大的影响。此外，主从结构微电网的运行还依赖于快速可靠的通信，可见通信系统的可靠性对主从结构微电网的可靠性也有重大影响。

当微电网的运行方式发生变化时，需要迅速地判断并调整相应的控制方法，主从结构微电网并网与孤岛运行方式自动转换如图 7.1-8 所示。

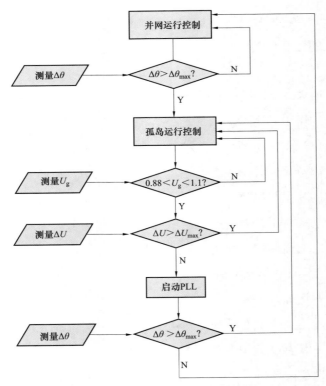

图 7.1-8　主从结构微电网运行方式自动转换

当微电网并网运行时，微电网侧与大电网侧在并网点的电压幅值和相角是一致的。此时连续监测大电网侧和微电网侧电压相角之间的差值 $\Delta\theta$，如果 $\Delta\theta$ 大于设定的阈值 $\Delta\theta_{\max}$，则表明微电网已处于孤岛运行状态，需要立刻将控制方法调整为孤岛运行控制，如果小于设定的阈值 $\Delta\theta_{max}$，则微电网继续执行并网运行控制。

当微电网孤岛运行时，如果需要重新与大电网连接转换为并网运行，需要微电网侧和大电网侧的频率与电压幅值和相角都近似一致，否则将产生较大的冲击电流，严重的暂态过程可能导致设备损坏。

7.1.2.2 对等结构微电网运行控制策略

在对等结构的微电网中，各分布式电源的地位是平等的，不存在从属关系。孤岛运行时，微电网中的多个分布式电源共同完成对微电网频率和电压的调节，各分布式电源之间不需要建立通信连接。

微电网并网运行时，不需要由微电网中的分布式电源调节频率和电压，各分布式电源可以采取 P/Q 或 P/V 控制。此时，微电网中的逆变型分布式电源也可以采取 Droop 控制，将 Droop 控制的额定运行点设置为有功功率和无功功率输出的参考值，就可实现类似 P/Q 控制的功能，按设定的参考值稳定的输出有功和无功功率。由于各分布式电源之间没有建立通信连接，只能根据各自的情况决定自身的运行点，对大电网来说，对等结构的微电网可控性较差，不能很好地接受控制指令与大电网协调配合。

微电网孤岛运行时，参与调节微电网频率和电压的逆变型分布式电源采取 Droop 控制方法。其余分布式电源继续采用 P/Q 或 P/V 控制方法。采取 Droop 控制的逆变型分布式电源只需要通过测量自身输出的电气量就可以独立地参与微电网频率和电压的调节，而不用知道其他分布式电源的运行情况，也无须通信过程。分布式电源之间依靠下垂系数的设置实现自动地协调配合，下垂系数决定了各分布式电源承担负荷的比例，需要综合考虑各分布式电源的供电能力和微电网允许的最大频率和电压偏差统一确定。

对等结构的微电网中，当个别分布式电源出现故障退出运行时，对微电网的整体运行情况不会造成大的影响，其原本承担的负荷会在其他分布式电源之间分配，继续维持微电网的稳定运行，所以对等结构微电网的可靠性较高。因为对等结构的微电网中采用 Droop 控制的分布式电源逆变器通过模仿同步发电机的下垂特性实现频率的一次调节，属于有差调节。稳定的频率和电压偏差会影响微电网的电能质量，对微电网中的重要负荷造成影响，而且对储能装置的充放电控制也会造成严重的干扰。此外，稳定的频率偏差也不利于孤岛运行微电网的重新并网。

7.1.2.3 分层结构微电网运行控制策略

主从结构和对等结构微电网各有优缺点，分别适用于不同规模和不同应用场合的微电网。分层结构微电网是在对等结构基础上发展起来的，结合了对等结构和主从结构微电网的优点。分层结构微电网中，由微电网中心控制器MGCC 负责对微电网进行统一的协调控制，并负责微电网与大电网之间的通信与协调配合。微电源控制器 MC 和负荷控制器 LC 都从属于 MGCC，多个 MC和 LC 分别控制微电网中的微电源和可控负荷。MGCC 与 MC 和 LC 之间需要建立快速可靠的通信连接。

并网运行时，与对等结构微电网类似，分层结构微电网中的各分布式电源也可以采用 P/Q 或 P/V 控制方法，或者采用将额定运行点设置为有功功率和无功功率输出参考值的 Droop 控制方法。此时，MGCC 根据大电网的需要以及本地负荷需求情况和分布式电源的发电能力决定每个分布式电源的有功功率和无功功率运行点，并且决定各个负荷的运行状态。然后 MGCC 将设定的运行点和负荷运行状态传递给相应的 MC 和 LC，MC 控制分布式电源按照设定值输出所需的有功功率和无功功率，LC 按照要求调整可控负荷。MC 和 LC 只需要分别和 MGCC 保持通信联系，由 MGCC 负责控制整个微电网的优化运行，并在需要的时候调整 MC 和 LC 的运行设置。

当微电网孤岛运行时，与大电网的连接断开。此时，需要由一个或几个分布式电源维持微电网的频率和电压，这些分布式电源逆变器可以采用 Droop 控制方法，其他分布式电源逆变器仍然采用 P/Q 或 P/V 控制。Droop 控制方法使逆变器的输出模拟高压电力系统中同步发电机的频率和端电压与所输出的有功功率和无功功率之间的下垂特性。与对等结构的微电网一样，单纯的 Droop 控制会导致微电网中产生稳定的频率偏差造成电能质量下降，所以在一些对电能质量需求较高的场合或微电网需要重新并网时，需要对分层结构微电网的频率进行二次调节，实现无差调节。

分层结构微电网中频率二次调节需要根据可调容量的大小、调节速度和调节经济性等方面的需求选择主要负责频率二次调节的分布式电源作为微电网的主调频电源，由 MGCC 根据频率偏差调整主调频电源的逆变器下垂控制曲线。

分层结构微电网的运行方式转换由 MGCC 负责统一的协调控制，MGCC 连续监测微电网和大电网的运行状态：当并网运行的微电网检测到孤岛状态后立即切换到孤岛运行控制方式，对于孤岛运行的微电网，针对下垂控制的有差调节特性，通过选择主调频电源进行二次调频实现微电网频率的无差调节。微电网重新并网时采用电压灵敏度分析方法调节并网接口处的电压幅值，并监测与大电网的电压相位差实现微电网运行方式的平稳切换。微电网运行方式转换方法原理如图 7.1–9 所示。

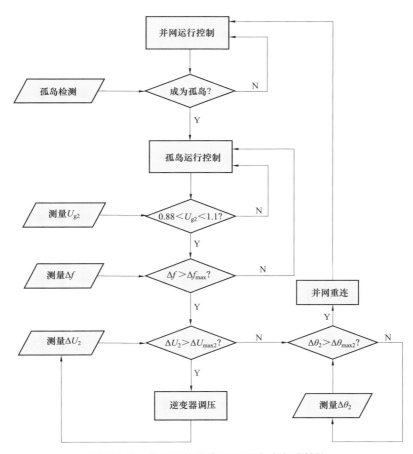

图 7.1–9　分层结构微电网运行方式自动转换

当微电网因为故障或其他原因由并网运行转化为实际的孤岛运行时，由于大电网不再和微电网进行能量交换，而微电网中的分布式电源在孤岛发生时的输出功率不会发生瞬间变化，所以在转为离网的瞬间，微电网中一般会产生功率不平衡，导致微电网的频率和并网接口处电压发生变化。如果微电网中分布式电源发出的总有功功率大于总的有功负荷，会引起有功负荷的突然增加和并网接口处电压的升高；如果分布式电源发出的总有功功率小于总的有功负荷，则情况正好相反。微电网由并网运行进入实际孤岛运行时，可以通过检测各种电气量的变化对实际的孤岛运行状态进行判断。

微电网并网运行时，由于受大电网电压的牵制，扰动信号的作用很小。在实际进入孤岛运行后，扰动信号的作用相对明显，可以通过对并网接口点的电压或电流进行监测来检测实际的孤岛运行。一旦发现微电网实际进入孤岛运行状态，MGCC 立刻调整控制策略执行孤岛运行控制。如果负责维持微电网电压和频率稳定的分布式电源在并网运行时执行 P/Q 或 P/V 控制，则 MGCC 按照预先设定的计划将其调整为 Droop 控制，并调节其他 P/Q 或 P/V 控制逆变器的有功功率和无功功率运行点增发功率，在必要时控制 LC 减负荷维持孤岛的稳定运行。

当微电网孤岛运行时，如果需要转换为并网运行，则 MGCC 启动并网过程。与主从结构微电网类似，首先需要判断大电网侧的正序电压幅值 U_{g2} 是否在合理的范围之内，排除故障状态的干扰。然后连续监测微电网的频率，如果频率偏差 $\Delta f > \Delta f_{max}$，则对微电网的频率进行二次调整，消除稳定的频率偏差。当频率偏差 $\Delta f > \Delta f_{max}$ 时，则进一步监测电压幅值偏差 ΔU_2。如果 $\Delta U_2 > \Delta U_{max2}$，则 MGCC 控制逆变器进行调节微电网并网处电压使之与大电网侧的电压幅值趋于一致。当 ΔU_2 满足条件后，MGCC 开始监测电压相角差 $\Delta \theta_2$，频率的微小偏差会导致的不断变化，当 $\Delta \theta_2$ 满足并网条件时，MGCC 控制断路器合闸并网，同时调整为执行并网运行控制。在并网过程中，如果某个并网条件不满足，则并网过程终止或者重新开始。

7.2 微电网保护技术

配电网的特点是呈辐射形，并由单侧电源供电，配电网的继电保护是以此为基础设计的。当分布式电源接入配电网后，配电网的结构将发生改变，在配电网发生故障时，除了系统向故障点提供故障电流外，分布式电源将对故障点提供故障电流，便改变了配电网的节点短路水平。分布式电源的类型、安装位置和容量等因素都将对配电网的继电保护的正常运行造成影响。由于分布式电源的输出特性，使得微电网的保护问题与传统电力系统的保护有很大区别，如何保证保护的选择性、快速性、灵敏性和可靠性，是微电网保护的关键和难点。

微电网通常可以工作在孤网运行模式和并网运行模式，微电网的保护装置应该能处理两种模式下的各种类型的故障。因此，微电网内部保护根据并网、孤网运行的不同，保护策略也有差异。

7.2.1 微电网并网运行时的保护策略

国内外研究表明：正常情况下，微电网与上级配电网并网运行，当发生故障时，故障电流主要由配电网提供，微电网内部保护一般可按传统电流保护方法来设计。

分布式电源接入配电网系统后，配电网某些部分将变为双侧电源或多侧电源供电，出现保护选择性和可靠性得不到满足的情况，需要配置适用于双侧电源或多侧电源供电线路的电流速断保护、限时电流速断保护以及方向性电流保护。对误动作的保护进行分析可知，误动作的原因是由大电源一侧或分布电源一侧供给的短路电流引起的。此时误动作保护的实际短路功率方向是由线路流向母线。因此，为了消除双侧电源或多侧电源中电流保护的无选择动作，需要在可能误动作的保护上增设一个功率方向闭锁元件。该元件应能实现如下功能：短路电流方向由母线流向线路时动作，开放电流保护；当短路电流方向由线路流向母线时不动作，闭锁电流保护。

微电网在并网运行方式下，阶段式电流保护难以保证配电网或微电网中保护的选择性、快速性、灵敏性和可靠性时，可以考虑采用电流差动保护予以解决。

7.2.2 微电网孤网运行时的保护策略

当微电网系统内部包含基于逆变器的微型电源时，这对微电网系统的保护是个挑战。微电网在孤岛运行下，由于逆变型分布式电源的短路容量有限及逆变器中限流环节的缘故，故障时输出电流较小，不足以让按传统过电流整定的保护装置动作。针对该问题，提出了不同的解决方法，在此给出两种较为典型的方法。

7.2.2.1　方法 1

孤网运行下的微电网包括多种分布式电源，并安装储能系统来抑制可再生能源的间歇性和波动性，一般由输出功率相对稳定的柴油发电机组或储能装置作为系统的主控电源，在一定程度上能够提供频率、电压支撑，而其余间歇性电源作为辅助电源，则不能提供支撑。相对于大电网而言，缺乏大容量的电源作为系统频率电压的有力支撑，因此在微电网主网（一般为 10kV 及以上）任一点发生故障，都可能引起全网系统电压下降，如果不能及时切除故障，将可能扩大故障范围，引起连锁反应，甚至造成主网电压崩溃的严重后果。因此，微电网主网的继电保护应强调速动性、选择性要求，实现故障的快速隔离，尽量缩小停电范围，减轻对系统的冲击，保证非故障区域的正常运行，尤其是保证关键负荷的不间断供电。

孤网运行下的微电网包含多种分布式电源，正常运行时潮流具有双向性的特点，故障时由多个分布式电源提供故障电流，应用于传统配电网的单端三段式电流保护无法满足微电网主网选择性及快速性要求。此外，由于分布式电源的运行方式复杂及逆变式分布式电源中的故障限流特性（最大输出电流不大于 1.5 倍逆变器额定电流），故障电流小，传统基于最大/最小运行方式整定原则的单端保护保护区域小、灵敏度不足的问题，无法适应微电网主网复杂运行方式的要求。

为满足微电网主网对继电保护的速动性、选择性、可靠性、灵敏性的要求，必须配置全线速动主保护；由于电流差动保护具有原理简单、良好的选择性、灵敏度高、定值整定不受运行方式的影响等优点，主保护原理应优先选择电流差动保护原理。

对于微电网主网，可按照差动保护对象划分为多个保护区域，包括线路差动保护区域、母线差动保护区域、配电变压器保护区域。在假设电流流向被保护对象的前提下，保护区域差流为各侧电流的矢量和，对于配电变压器的差流计算还需考虑 D/Y 转角和变比的影响。差动保护采用启动判据与比率制动判据组成与门出口，为了保证跳闸开出的可靠性，采用启动和跳闸双命令的安全机制，并按照双套冗余配置。

从"强化主保护、简化后备保护配置"的原则出发，主网可配置简单的带时限过电流或方向过电流保护作为后备保护，防止差动保护退出运行而导致的主电网失去全部保护的情形发生。

智能终端具有以下功能：① 采集安装点的电压电流信息及开关位置等状态信息；② 接收集中式差动保护控制装置的跳合闸命令并执行此命令；③ 完成就地设备的后备保护功能；④ 上送故障信息及其他运行信息。微电网主网就地智能终端配置简单后备保护功能：馈线就地智能终端配置距离保护作为线路及母线的后备保护，变压器就地采集单元配置过电流保护作为变压器的后备保护。

馈线智能终端配置距离保护作为馈线的后备保护，距离保护包括距离Ⅱ段、距离Ⅲ段，均为延时段，作为集中式差动保护网络终端时馈线的后备保护。距离Ⅱ段通常带 0.5s 延时，保护范围为馈线全长，距离Ⅲ段通常带 1.0s 延时，作为相邻线馈线保护的后备。

配电变压器的高压侧智能终端中配置过流保护，作为变压器内部故障的后备保护，并对低压母线故障保证一定的灵敏性。

0.4kV 低压负荷出线配置万能断路器，包含过电流保护、欠压保护等功能；在 0.4kV 低压用户侧配置塑壳断路器或小型断路器及剩余电流动作断路器，保护功能包括：过负荷保护、漏电和防窃电保护。

7.2.2.2 方法2

当系统发生不对称短路故障时，负序电流变化明显，因此适合采用负序电流保护用作线路保护。针对微电网在孤岛运行下的故障特点，采用相应的两段式电流保护：保护Ⅰ段由电流速断保护及负序电流速断保护组成，保护Ⅱ段由反时限电流保护及负序反时限电流保护组成。

保护的Ⅰ段电流速断保护和Ⅱ段反时限电流保护主要针对三相短路故障。当系统的三相电流均大于定值时电流速断保护瞬时动作，其整定的动作电流应大于最大运行方式下本线路末端发生三相短路时的故障电流；反时限电流保护作为电流速断保护的后备，需要保护线路全长，该保护的整定应保证其启动电流大于该线路上出现的最大负荷电流，并通过动作时限的配合实现选择性。

保护Ⅰ段中的负序电流速断保护和Ⅱ段负序反时限电流保护主要针对不对称短路故障。其中负序电流速断保护反应于负序电流幅值增大而瞬时动作，其整定的动作电流应大于本线路末端可能出现的最大负序短路电流；负序反时限电流保护作为负序电流速断保护的后备，需要保护线路全长，该保护的整定应保证其启动电流大于非对称负荷运行下出现的最大负序电流，并通过动作时限的配合实现选择性。

由于两段式电流保护能够针对微电网孤岛运行下故障电流的特点，将三相短路故障和不对称短路故障区别对待，对保护范围内的故障迅速、灵敏的动作，同时经过保护范围校验和动作时限的配合保证了保护的选择性和可靠性，具有一定的应用价值。

考虑到微电网的复杂性，在电流速断保护、负序电流速断保护、反时限电流保护、负序反时限电流保护四种保护中均增加了方向元件，可由用户自行投退。用户选择投入方向元件后，仅当保护判定故障方向是正方向时，保护算法才会继续投入。

为了保证安全生产，针对微电网内的敏感负荷，还可以考虑加装低电压保护作为后备保护。当线电压低于定值时，保护动作使得负荷退出运行。

综上所述，微电网保护配置为：电流速断保护、负序电流速断保护、反时限电流保护以及负序反时限电流保护，同时还增加了低电压保护功能，可由用户针对实际情况自行配置。

7.3 微电网监控及管理技术

微电网监控与能量管理系统，主要是对微电网内部的分布式发电、储能装置和负荷状态进行实时综合监视，在微电网并网运行、离网运行和状态切换时，根据电源和负荷特性，对内部的分布式发电、储能装置和负荷能量进行优化控制，实现微电网的安全稳定运行，提高微电网的能源利用效率。

7.3.1 微电网的监控

7.3.1.1 微电网监控系统架构

微电网监控系统与本地保护控制、远程配电调度相互协调，主要功能介绍如下：

（1）实时监控类：包括微电网 SCADA、分布式发电实时监控。

（2）业务管理类：包括微电网潮流（联络线潮流、DG 节点潮流、负荷潮流等）、DG 发电预测、DG 发电控制及功率平衡控制等。

（3）智能分析决策类：微电网能源优化调度等。

微电网监控系统架构图如图 7.3–1 所示，通过采集 DG 电源点、线路、配电网、负荷等实时信息，形成整个微电网潮流的实时监视，并根据微电网运行约束和能量平衡约束，实时调度调整微电网的运行。

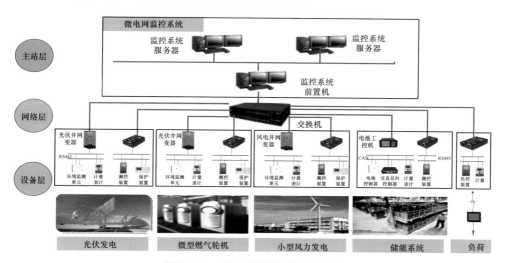

图 7.3–1　微电网监控系统架构图

微电网监控系统中，能量管理是集成 DG、负荷、储能装置以及与配电网接口的中心环节。微电网监控系统能量管理的软件功能架构如图 7.3–2 所示。

7.3.1.2 微电网监控系统组成

微电网实时监控系统中的 DG、储能装置、负荷及控制装置。微电网综合监控系统由光伏发电监控、风力发电监控、微型燃气轮机发电监控、其他发电监控、储能监控和负荷监控组成。

功能结构

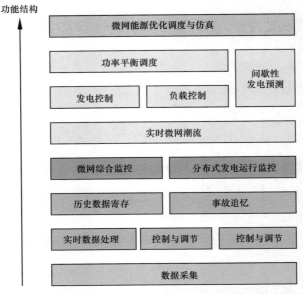

图 7.3-2　微电网监控系统能量管理的软件功能架构图

（1）光伏发电监控。对光伏发电的实时运行信息和报警信息进行全面的监视，并对光伏发电进行多方面的统计和分析，实现对光伏发电的全方面掌控。光伏发电监控主要提供以下功能：

1）实时显示光伏的当前发电总功率、日发电量、累计总发电量、累计 CO_2 减排量以及每日发电功率曲线图。

2）查看各光伏逆变器的运行参数，主要包括直流电压、直流电流、直流功率、交流电压、交流电流、频率、当前发电功率、功率因数、日发电量、累计总发电量、累计 CO_2 减排量、逆变器机内温度以及 24h 内的功率输出曲线图等。

3）监视逆变器的运行状态，采用声光报警方式提示设备出现故障，查看故障原因及故障时间，故障信息包括：电网电压过高或过低、电网频率过高或过低、直流电压过高或过低、逆变器过载、逆变器过热、逆变器短路、散热器过热、逆变器孤岛、通信失败等。

4）预测光伏发电的短期和超短期发电功率，为微电网能量优化调度提供依据。

5）调节光伏发电功率，控制光伏逆变器的启停。

（2）风力发电监控。对风力发电的实时运行信息、报警信息进行全面的监视，并对风力发电进行多方面的统计和分析，实现对风力发电的全方面掌控。风力发电监控主要提供以下功能：

1）实时显示风力发电的当前发电总功率、日发电量、累计总发电量，以及24h内发电功率曲线图。

2）采集风机运行状态数据，主要包括三相电压、三相电流、电网频率、功率因数、输出功率、发电机转速、风轮转速、发电机绕组温度、齿轮箱油温、环境温度、控制板温度、机械制动闸片磨损及温度、电缆扭绞、机舱振动、风速仪和风向标等。

3）预测风力发电的短期和超短期发电功率，为微电网能量优化调度提供依据。

4）调节风力发电功率，控制逆变器的启停。

（3）微型燃气轮机发电监控。对微型燃气轮机发电的实时运行信息和报警信息进行全面监控，并对微型燃气轮机发电进行多方面的统计分析，实现对微型燃气轮机的全面监控。微型燃气轮机发电监控主要提供以下功能：

1）监测微型燃气轮机发电机组主要的工作参数，主要包括转速、燃气进气量、燃气压力、排气压力、排气温度、爆震量、含氧量。

2）监测并网前后电压、电流、频率、相位和功率因数。

3）实现对微型燃气轮机发电机组工作状态分析、管理和工作状态的调节。

（4）其他发电监控。其他发电监控与上述发电监控类似，需要监控的内容均为当前 DG 输出电压、工作电流、输入功率、并网电流、并网功率、电网电压、当前发电功率、累计发电功率、24h 内的功率输出曲线、24h 内的并网功率曲线，实现系统的安全稳定运行。

（5）储能监控。对储能电池和 PCS 的实时运行信息、报警信息进行全面的监视，并对储能进行多方面的统计和分析，实现对储能的全方面掌控。储能监控主要提供以下功能：

1）实时显示储能的当前可放电量、可充电量、最大放电功率、当前放电功率、可放电时间、总充电量、总放电量。

2）遥信：交直流双向变流器的运行状态、保护信息、告警信息。其中，保护信息包括低电压保护、过电压保护、缺相保护、低频率保护、过频率保护、过电流保护、器件异常保护、电池组异常工况保护、过温保护。

3）遥测：交直流双向变流器的电池电压、电池充放电电流、交流电压、输入输出功率等。

4）遥调：对电池充放电时间、充放电电流、电池保护电压进行遥调，实现远端对交直流双向变流器相关参数的调节。

5）遥控：对交直流双向变流器进行远端遥控电池充电、电池放电。

（6）负荷监控。对负荷运行信息和报警信息进行全面监控，并对负荷进行多方面的统计分析，实现对负荷的全面监控。负荷监控主要功能如下：

1）监测负荷电压、电流、有功功率、无功功率、视在功率。

2）记录负荷最大功率及出现时间、最大三相电压及出现时间、最大三相功率因数及出现时间，统计监测电压合格率、停电时间等。

3）提供负荷超限报警、历史曲线、报表、事件查询等。

（7）微电网综合监控。监视微电网系统运行的综合信息，包括微电网系统频率、公共连接点的电压、配电交换功率，并实时统计微电网总发电有功功率、储能剩余容量、微电网总有功负荷、总无功负荷、敏感负荷总有功、可控负荷总有功、完全可切除负荷总有功，并监视微电网内部各断路器开关状态、各支路有功功率、各支路无功功率、各设备的报警等实时信息，完成整个微电网的实时监控和统计。

7.3.2 微电网的能量管理

微电网能量管理对微电网内部分布式电源（包括分布式发电与储能）和负荷进行预测，在微电网并网运行、离网运行、状态切换过程中，根据分布式电源和负荷特性，对内部的分布式发电、储能装置、负荷进行优化控制，保证微电网的安全稳定运行，提高微电网的能源利用效率。

7.3.2.1 分布式发电预测

分布式发电预测是微电网能量管理的一部分，用来预测分布式发电（风力发电、光伏发电）的短期和超短期发电功率，为能量优化调度提供依据；对充分利用分布式发电，获得更大的经济效益和社会效益，提高微电网运行的可靠性、经济性有重要作用。

分布式发电预测可以分为统计方法和物理方法两类。统计方法对历史数据进行统计分析，找出其内在规律并用于预测；物理方法将气象预测数据作为输入，采用物理方程进行预测。目前用于分布式发电预测的方法主要有持续预测法、卡尔曼滤波法、随机时间序列法、人工神经网络法、模糊逻辑法、空间相关性法、支持向量机法等。在风力发电预测和光伏发电预测领域都有涉及这些预测方法的研究，在实际预测系统中，应充分考虑各种预测方法的优劣性，将高精度的预测方法模型列入系统可选项。

基于相似日和最小二乘支持向量机的分布式发电预测方法，具有较高的预测精度，能够满足微电网内经济运行控制与主电源模式切换对分布式发电预测的需求。该方法一般分为两个过程：① 选取相似日；② 根据相似日的分布式发电出力以及待预测日的天气数据，预测待预测日的分布式发电出力。

相似日可采用相关度的大小进行选取，气象部门提供的天气信息，主要包括天气类型、温度、湿度、风力，可先根据天气类型筛选出一部分数据。天气类型一般分为晴天、雨天、阴天，先根据这三种类型的天气选取出类型与预测日相似的历史日。影响光伏出力的因素主要是辐照度和温度两种；影响风力发电的因素主要是风力大小。从临近的历史日开始，逐一计算与待预测日的相似度，并比较相似度最大的历史日作为待预测日的相似日。根据相似日的分布式发电的发电情况，获取待预测日的天气数据预测待预测日的分布式发电出力。对超短期分布式发电预测，在获取得到相似日分布式发电出力后，可再根据当前采集的实时气象数据（辐照度、温度、风力等）进行加权，预测下一时刻的分布式发电出力。

7.3.2.2 负荷预测

负荷预测预报未来电力负荷的情况，用于分析系统的用电需求，帮助运行人员及时了解系统未来的运行状态。它是预测电力系统未来运行方式的重要依据。负荷预测对微电网的控制、运行和计划都非常重要，提高预测精度既能增强微电网运行的安全性，又能改善微电网运行的经济性。

目前负荷预测方法，从时间上来划分可分为传统和现代的预测方法。传统的负荷预测方法主要包括回归分析法和时间序列法，而现代的负荷预测方法主要是应用专家系统理论、神经网络理论、小波分析、灰色系统、模糊理论和组合方法等。

7.3.2.3　微电网的功率平衡

微电网并网运行时，通常情况下并不限制微电网的用电和发电，只有在需要时大电网通过交换功率控制对微电网下达指定功率的用电或发电指令，即在并网运行方式下，大电网根据经济运行分析，给微电网下发交换功率定值以实现最优运行。微电网能量管理系统按照调度下发的交换功率定值，控制分布式发电出力、储能系统的充放电功率等，在保证微电网内部经济安全运行的前提下按指定交换功率运行。微电网能量管理系统根据指定交换功率分配各分布式发电出力时，需要综合考虑各种分布式发电的特性和控制响应特性。

（1）并网运行功率平衡控制。微电网并网运行时，由大电网提供刚性的电压和频率支撑。通常情况下不需要对微电网进行专门的控制。在某些情况下，微电网与大电网的交换功率是根据大电网给定的计划值来确定的，此时需要对流过公共连接点 PCC 的功率进行监视。

当交换功率与大电网给定的计划值偏差过大时，需要由 MGCC 通过切除微电网内部的负荷或发电机，或者通过恢复先前被 MGCC 切除的负荷或发电机将交换功率调整到计划值附近。

（2）从并网转入孤岛运行功率平衡控制。微电网从并网转入孤岛运行瞬间，流过 PCC 的功率被突然切断，切断前通过 PCC 处的功率如果是流入微电网的，则它就是微电网离网后的功率缺额；如果是流出微电网的，则它就是微电网离网后的功率盈余；大电网的电能供应突然中止，微电网内一般存在较大的有功功率缺额。

在离网运行瞬间，如果不启用紧急控制措施，微电网内部频率将急剧下降，导致一些分布式电源采取保护性的断电措施，这使得有功功率缺额变大，加剧了频率的下降，引起连锁反应，使其他分布式电源相继进行保护性跳闸，最终使得微电网崩溃。因此，要维持微电网较长时间的孤岛运行状态，必须在微电网离网瞬间立即采取措施，使微电网重新达到功率平衡状态。

微电网离网瞬间，如果存在功率缺额，则需要立即切除全部或部分非重要的负荷、调整储能装置的出力，甚至切除小部分重要的负荷；如果存在功率盈余,则需要迅速减少储能装置的出力,甚至切除一部分分布式电源。这样,使微电网快速达到新的功率平衡状态。

由于储能装置要用于保证离网运行状态下重要负荷能够连续运行一定时间,所以在进入离网运行瞬间的功率平衡控制原则是:先在假设各个储能装置出力为 0 的情况下切除非重要负荷,然后调节储能装置的出力,最后切除重要负荷。

(3)离网功率平衡控制。微电网能够并网运行也能够离网运行,当大电网由于故障造成微电网独立运行时,能够通过离网能量平衡控制实现微电网的稳定运行。微电网离网后,离网能量平衡控制通过调节分布式发电出力、储能出力、负荷用电,实现离网后整个微电网的稳定运行,在充分利用分布式发电的同时保证重要负荷的持续供电,同时提高分布式发电利用率和负荷供电可靠性。

在孤岛运行期间,微电网内部的分布式发电的出力可能随着外部环境(如日照强度、风力、天气状况)的变化而变化,使得微电网内部的电压和频率波动性很大,因此需要随时监视微电网内部电压和频率的变化情况,采取措施应对因内部电源或负荷功率突变对微电网安全稳定产生的影响。

(4)从孤岛转入并网运行功率平衡控制。微电网从孤岛转入并网运行后,微电网内部的分布式发电工作在恒定功率控制(P/Q 控制)状态,它们的输出功率大小根据配电网调度计划决定。MGCC 所要做的工作是将先前因维持微电网安全稳定运行而自动切除的负荷或发电机逐步投入运行中。

7.4 微电网其他相关技术

与微电网相关的技术较多,除了本章前几节表述的关键技术外,还包括其他相关技术,本节仅给出安全接地和谐波治理关键技术,分述如下。

7.4.1 微电网安全接地

微电网不仅可以与大电网并网运行,也可以孤岛运行,能够满足用户对供电可靠性的要求,其安全接地是其能够可靠稳定运行的前提。

7.4.1.1 低压配电系统接地方式

IT、TT 和 TN 是低压配电系统的三种接地方式，其中 TN 系统包括 TN-C，TN-S 和 TN-C-S 三种。

（1）IT 系统接地方式。如图 7.4-1 所示，对于 IT 系统接地方式，电源端不接地或通过阻抗接地，用电设备的金属外壳直接接地。IT 系统适用于用电环境较差的场所（如井下、化工厂、纺织厂等）及对不间断供电要求较高的电气设备的供电，应用于 6～10kV 与低压三相三线制电网。

（2）TT 系统接地方式。如图 7.4-2 所示，对于 TT 系统接地方式，电源端有一点直接接地，用电设备的外露导电部分接至与电源端接地点无直接电气联系的接地极。TT 系统不允许部分设备采用接地保护及另外一部分设备采用接零保护。

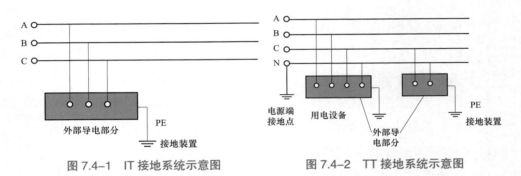

图 7.4-1　IT 接地系统示意图　　　　图 7.4-2　TT 接地系统示意图

（3）TN-C 系统。如图 7.4-3 所示，在 TN-C 系统中，电源中性点直接接地，中性线与保护线合为导线 PEN，用电设备的金属外壳与 PEN 线相连接。TN-C 系统主要适用于三相负荷基本平衡的工业企业建筑，在一般住宅和其他民用建筑内，不应采用 TN-C 系统。

（4）TN-S 系统。如图 7.4-4 所示，在 TN-S 系统中，电源中性点直接接地，中性线与保护线分别设置，用电设备的金属外壳与保护线 PE 相连接，也称作三相五线制系统。

（5）TN-C-S 系统。如图 7.4-5 所示，在 TN-C-S 系统中，电源中性点直接接地，系统中的一部分为 TN-C 系统，另一部分为 TN-S 系统，是民用建筑中广泛采用的接地方式。

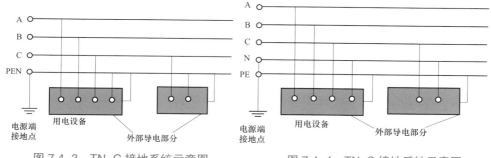

图 7.4-3　TN-C 接地系统示意图　　　　图 7.4-4　TN-S 接地系统示意图

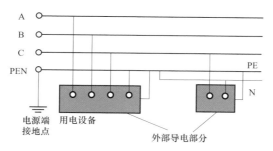

图 7.4-5　TN-C-S 接地系统示意图

7.4.1.2　微电网系统接地方式

低压微电网采用哪种接地型式，需要考虑：① 低压配电网中的常用型式；② 微电网用户的需求。

IT 系统在实际中很少使用。 TT 系统更符合我国许多大城市电力公司的规定，低压电网供电的住宅建筑必须采用 TT 系统，因为同一变压器供电的 TN 系统，PEN 线和 PE 线是联通的，当某处发生接地故障时，可能引起其他地方电气事故而难以查明事故原因。因为微电网也属于低压电网，因此选用 TT 系统接地方式较为合适，微电网并网和孤岛运行时，即使微电网内部分布式电源不存在中性点接地，也可安全运行。

7.4.2　微电网谐波治理

微电网中的谐波来源于两个方面：一个是来源于与微电网连接的大电网背景谐波，另一个就是由微电网内部产生。微电网中对谐波进行有效的治理，可提高供电的电能质量，确保用电设备的正常工作。

7.4.2.1 微电网内部谐波产生

微电网内部的谐波产生主要根源于微电网中非线性元件，基波电流发生畸变而产生谐波，主要来源于电源和负载两个方面。

微电网中分布式电源典型代表是风力发电和光伏发电。风电中主要非线性元件有 UPS、开关电源、整流器、变频器、逆变器等，对于风电机组来说，发电机本身产生的谐波是可以忽略的，但电能转换系统、电力电子（逆变器）控制元件和电容器所产生的谐波是不可忽视的。光伏发电必须通过逆变装置的转换才能并入公共电网，逆变输出的电流中存在大量的谐波源于光伏并网发电系统中逆变器的开关元件在工作状态时处于高频的开断状态，使得并网光伏系统对传统的集中供电系统的电网会产生谐波污染。

对于一个工频正弦电源供电系统而言，倘若整个系统中均为线性负载，那么该系统中不存在谐波；倘若系统中存在非线性负载，系统的电压、电流会发生畸变，其源于非线性负载的影响，而且在不同程度上受到谐波污染。正常情况下，非线性负载所产生的谐波污染程度和非线性负载所占比例趋势一致，即非线性负载使用越多，所导致的谐波污染也就越严重。

另外，储能设备在充、放电过程中也会导致谐波产生

7.4.2.2 微电网谐波治理技术

（1）并网逆变器无源滤波技术。并网逆变器可采用无源电路拓扑结构来滤除其自身产生的谐波，该谐波通常为逆变器开关频率附近的谐波及其整数倍的高次谐波。微电网并网逆变器的无源滤波部分的电路拓扑结构只能用来滤除逆变器自身产生的高次谐波，而不能用来滤除用电负荷产生的谐波。

（2）并网逆变器有源滤波技术。并网逆变器采用合适的控制手段，可以在实现并网发电的同时，起到有源电力滤波器的作用，需要采用 SPWM 技术在并网逆变器交流输出侧产生需要的正弦波电压的同时，再叠加上一个所需的谐波电流，只要保证该谐波电流与电网中负荷产生的谐波电流等值反相即可。并网逆变器在这样使用时的功能可称为有源滤波型并网逆变器。

（3）单独配置的滤波技术。如果微电网并网逆变器的控制方式合理，其串联铁芯电抗器不出现磁饱和现象，则逆变器向电网馈送的谐波可以忽略不计。但是，在电网系统中仍然会出现谐波超标现象，这是因为电网所带负荷产生的

谐波造成的，因此在微电网控制系统中有时也需要配置有源或无源滤波设备。

微电网的无源电力滤波方案可考虑采用低压 LC 单调谐滤波方案，单调谐滤波器在设计时由于要考虑谐振时品质因数的影响，因此，需要留有一定的偏谐量。微电网的有源电力滤波方案可采用基于电力电子元件的有源电力滤波器模块来实现，由于微电网的谐波电流不大，通常采用有限容量的有源电力滤波器模块即可实现谐波治理。

7.5 微电网设备

微电网的设备主要有分布式电源、储能设备、开关设备、电力电子装置和通信设施等。对于分布式电源和储能设备，在前面的章节中已经有所介绍，在此不再累述。开关设备、电力电子装置和通信设备通常安装在微电网主控柜、测控柜和接入柜中，并通过电缆及通信线组成系统。下面以许继集团有限公司设备为例，对微电网中所用到的主控柜、测控柜和接入柜进行说明。

7.5.1 微电网主控柜

微电网主控柜主要由微电网集中控制器 MCC-801、通信管理机 WZK-811 组成。微电网集中控制器是微电网主控柜中的重要装置，一款嵌入式微电网主机兼操作员站，全面监视整个微电网一次设备的运行情况，实时分析微电网的运行情况并获得整个微电网优化和调整策略并快速自动执行，同时可作为数据库服务器，是微电网能量管理系统的核心部件。通信管理机的功能是将其他非 IEC 61850 规约的微电网设备信息接入并转换成 IEC 61850 规约转出接入其他 IEC 61850 系统的装置，实现非 IEC 61850 规约装置统一接入 IEC 61850 监控系统的目的。

7.5.2 微电网测控柜

微电网测控柜主要由微电网并离网控制装置、紧急负荷控制装置等组成。

7.5.2.1 微电网并离网控制装置

微电网并离网控制装置可对微电网公共连接点进行监视，通过孤岛检测实现离网自动断开 PCC 点断路器，实现微电网与大电网的隔离，当大电网恢复供电时能自动同期并网。同时本装置配备保护功能实现微电网内部故障以及外部故障时的自动隔离，可作为整个微电网的系统级保护。

孤岛检测：并网运行时，微电网呈配电网的特性，由主电网提供频率、电压支持。孤岛运行时，微电网与主电网断开，由分布式电源向微电网内的负荷供电。孤岛检测用于检测微电网所连配电线路断电后，快速判断出孤网状态并快速跳开微电网入口开关。装置孤岛检测充分考虑母线欠/过频、欠/过压、电压谐波、进线正序分量反向等因素。

检无压、检同期：装置在断路器合闸前，必须检查待合断路器两侧电压，若一侧无压则允许合闸，若两侧同时有压则需要检同期。检同期要求断路器两侧电压保证有压且两侧电压角度差满足一定条件。进线和母线无压定值为 0.3 倍额定线电压，有压定值为 0.7 倍额定线电压，两侧电压之间的角度差小于检同期角度定值。

进线过电流：进线过电流保护设两段，当进线三相电流任何一相大于过电流定值且进线过电流保护处于启动状态时，延时确认后执行跳闸动作。

7.5.2.2 紧急负荷控制装置

微电网紧急负荷控制装置具有离网联切、低频、低压、过频、过压控制功能，主要用于并网转离网时快速切除微电网多余的负荷或发电设备，快速实现并转离的发用电平衡，在离网期间具有低频、低压减载，过频切机，过频或过压解列，通过判断电压、频率等运行参数实现微电网能量平衡。

7.5.3 微电网接入柜

微电网接入柜用于将风光分布式电源、储能系统及微电网内的各种负荷与外部电网连接起来，保证在外部电网失电时实现由分布式能源和储能系统对重要负荷的不间断供电。

分布式发电设备的逆变器交流输出端接入微电网接入柜，经交流断路器接入交流母线，通过断路器本身的保护来实现保护功能。

另外，还需配置有相关的电流互感器，以供表计采样使用。同时还有静态开关接入柜，APF 柜、直流柜等。

7.6 微电网对配电网的影响

微电网接入配电网不仅可以充分利用配电网内部的绿色可再生能源，还可以大大提高整个电网的安全性，预防电网大停电事故的发生，是中国建成坚强智能电网的一个重要环节。它在提高电力系统的安全性和可靠性的同时，提高用户的供电质量和电网服务水平，促进了可再生能源分布式发电的应用。

传统电网为电源到负荷的单向潮流供电方式，微电网的接入将改变这种运行特性，并对微电网接入点的电压、线路潮流、线路电流、电能质量、继电保护以及网络可靠性等都将产生影响。

7.6.1 对配电网规划的影响

微电网接入配电网后，配电系统不再扮演单一的电能分配方，而是兼顾了电能收集、传输、存储和分配等角色，从而使得稳态潮流分布和暂态故障特性将受到影响，空间负荷预测、配电网络优化、电源规划、随机潮流、无功电源优化、经济效益等评估标准都会改变，原有的将配电系统作为无源系统进行规划的方法不能适应新环境下的系统规划要求。

7.6.2 对系统稳定性的影响

微电网具有很大的随机性、波动性甚至间歇性，微电网的接入，对配电网系统的稳定性产生很大的影响，其影响主要有以下三个方面：

（1）有功的间歇性。由于微电网其功率交换特性复杂多变，多种微电源的协调本身也会带来一定风险，这就导致含大规模微电网的大电网在进行稳定理论分析等问题时，必然会区别于传统的不含微电网的电力系统，如果微电网的接入成一定规模，则势必会对大电网的电压稳定、频率稳定和功角稳定性造成不同程度的影响。

（2）频率、电压调控困难。可再生电源输出能量不恒定和潮流的随机变化，还会引起系统电压和频率偏差、电压波动及闪变等，使得频率、电压调控困难。

（3）潮流交互。微电网接入系统后其潮流分布与单纯的 DG 相比会更加复杂，功率交换程度也更大，此时电能的流向也具有不确定性，微电网既有可能作为电源也有可能作为负荷，而不像一般的负荷和 DG 只能扮演单一角色，呈现出双向的能量交互，从而为电网的运行方式确定和潮流计算增加了新的难题。

7.6.3　对电能质量的影响

微电网中大量的电力电子变换装置会对大电网造成谐波污染；单向分布式电源将加剧大电网的三相不平衡水平；可再生电源输出能量不恒定和潮流的随机变化还会引起系统电压和频率偏差、电压波动及闪变等电能质量问题。

7.6.4　对继电保护的影响

微电网接入配电网会在本质上使得系统的网架结构发生变化，使得大电网发生系统故障后，相应的电气量会表现出较大不同，这就要求保护装置具有自适应的整定功能，因此故障定位传统检测方法与传统的继电保护模式不再适应于新形势下的电网安全运行要求。

7.6.5　对调度运行的影响

微电网通常包含多种类型的电源，需要较为灵活的控制策略，呈现给大电网的电气特性也会较为复杂，微电网的接入必将造成配电网潮流分布和电压水平的改变，进而影响原大电网调频调压手段的有效性，使得调度人员必须借助一定的辅助工具才能实现有效调度与管理。此外，微电网可以有效降低线路的网络损耗、改善能源结构并提高能源的利用率等优点，如何通过大电网的经济调度来发挥微电网这些优势也是一个亟待解决的问题。

7.6.6　对网络损耗的影响

电网的损耗主要取决于系统的潮流，由于微电网接入后电能的潮流不像传统电网一样单向流动，而是能与外部电网进行双向的能量交换，则电网损耗也势必会受到影响，使得网络损耗的计算复杂化。此时网络损耗的计算需综合考虑负荷的大小、微电源的接入容量及位置以及电网拓扑架构等因素。

当少量的微电网接入到配电网时，对配电网的影响并不是特别大。但是当大量的微电网接入到配电网时，必将会对系统的频率和电压稳定、电压波动及闪变、波形畸变及谐波、有功及无功潮流、短路电流、网损等电气领域各个方面造成较大影响，对配电网的保护带来巨大的挑战。因此我们必须注重微电网对配电网的各方面的影响，采取合理的控制策略，充分发挥微电网的有利方面，削弱其不利影响。

微电网应用实例 **8**

微电网按照组网方式不同，分为并网型微电网和孤立型微电网两类，本章以并网型微电网为例。

8.1 概　　述

国家电网公司〔2010〕31 号文下达第二批试点项目计划，国网河南省电力公司作为国家电网公司分布式发电接入系统的唯一试点，以河南财政税务高等专科学校（简称为河南财专）新校区 380kW 光伏发电项目为依托，开展了"分布式光储联合微网运行控制综合研究及工程应用"示范工程项目。

光伏发电存在出力不稳定、可调度性低、对电网谐波污染等一系列问题，为解决光伏发电接入电网的问题，以分散方式构建微电网。接入配电网采取就地平衡原则，加强电网侧与用电侧互动管理、推进分布式发电有效利用、促进智能住宅的发展、加速智能电网和互动服务体系建设。通过试点工程建设，开展最大化就地消纳分布式发电，节能降损，进行能效利用、供电可靠性、电网整体抗灾能力和灾后应急供电能力的研究。

河南财专新校区位于规划中的河南职业教育集聚区内。新校区占地面积为556 000m²，规划总建筑面积为 342 713m²，可开展太阳能屋顶利用面积超过43 500m²，可以实现光伏总装机容量可达 2MW。该项目结合 7 栋学生宿舍楼设计应用 380kW 的光储联合微电网系统（380kW 的光伏发电系统为国家财政部及住建部下达的光电建筑一体化应用示范项目，由河南财专按照技术要求负责建设；2×100kW/100kWh 储能系统采用磷酸铁锂电池；微电网系统控制范围为河南财专 4 号配电区学生宿舍及食堂，包括 3 路光伏发电系统、2 路储能系统及32 路低压配电回路，并与中牟县电力公司调度机构进行通信）。

图 8.1 所示为光储联合微电网系统一次接线图，图中虚框内为微电网控制范

围，光伏发电系统以 380V 电压等级接入河南财专 4 号配电区低压侧。7 栋学生宿舍楼楼顶的光伏电池经直流汇流后接入逆变器，分别接入 4 号配电区两台配电变压器低压侧两段母线。储能系统包括 2 套 100kW/100kWh 磷酸铁锂电池经 PCS，分别接入 4 号配电区两台配电变压器低压侧两段母线。

该系统用电具有明显的时段性，在学生开学期间用电负荷峰值在 600kW 左右，此时光伏发电可全部就地被消纳，当学生放假期间，整个系统用电负荷小于 50kW，光伏发电超过用电负荷，将有反方向的潮流注入配电网。

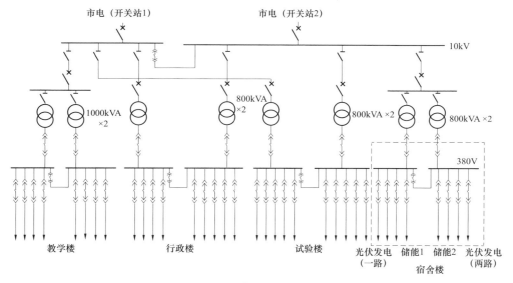

图 8.1-1　光储联合微电网系统一次接线图

8.2　系 统 设 计 方 案

8.2.1　微电网三层控制体系

该微电网采用配电网调度层、集中控制层、就地控制层的三层控制体系方案，如图 8.2-1 所示。配电网调度层主要从配电网的安全稳定、经济运行的角度调度微电网，微电网接受并执行配电网的调度命令。集中控制层集中管理微电网中的各分布式电源及负荷，在微电网并网运行时实现微电网最优化运行，在离网运行时调节各分布式电源及负荷，实现微电网离网状态下安全稳态运行。就地控制层控制各分布式电源及负荷，实现微电网暂态的安全运行。

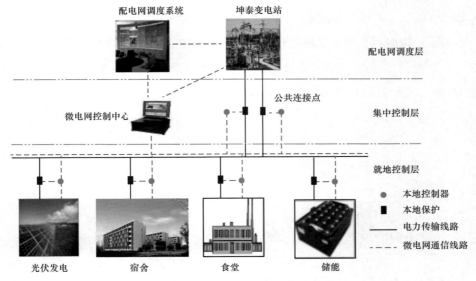

图 8.2-1　微电网三层控制体系方案

8.2.2　系统设计

（1）光伏发电。光伏发电部分分 3 路接入，采用 3 台 100kW， 1 台 50kW 共 4 台逆变器，其中 2 台 100kW 逆变器 2 路接入，1 台 100kW 逆变器和 1 台 50kW 逆变器合为 1 路接入，逆变器不仅具有自身运行参数信息，还具有设置其运行出力的调节功能，集中安装于 4 号区域配电室。

光伏发电经逆变器通过低压柜接入，低压柜采用电气操作的低压断路器，并采用含电能质量测量的表计，测量光伏发电回路常规运行参数（电压、电流、有功、无功等）及电能质量（2～31 次电压及电流谐波）。

（2）储能回路。储能电池通过 2 台 100kW 储能变流器，分别接到两段母线上，储能变流器不仅具有获取自身运行参数的测量功能，还具有设置其运行出力的调节功能及模式切换功能。当微电网停运时，启用"黑启动"功能，使微电网快速恢复供电。

（3）负荷回路。负荷回路通过低压柜接入，低压柜采用电气操作的低压断路器，安装常规测量表计，测量负荷回路常规运行参数（电压、电流、有功功率、无功功率等）。

（4）公共连接点回路。公共连接点回路接入 MSD–831 并离网控制装置，采集公共连接点所在节点电压、支路电流等数据，能够对公共连接点断路器进行快速控制，实现孤岛检测、线路故障跳闸、供电恢复后的同期并网、母线备自投等功能，如图 8.2–2 所示。

（5）低压母线电压。低压母线回路接入 MSD–832 集中式负荷控制装置，采集母线电压，在离网瞬间，迅速实现微电网内部的功率平衡，采用紧急控制切除不重要负荷（根据实际情况，也可以是多余的分布式电源）；在离网运行期间，负荷控制装置完成低频低压减载、高频高压切机，使微电网的频率和电压维持在允许范围内，如图 8.2–3 所示。

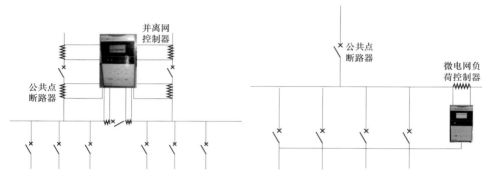

图 8.2–2　公共连接点回路　　　图 8.2–3　微电网负荷控制装置连接示意图

（6）微电网控制中心。微电网控制中心（MGCC）采用 MCC–801 微电网集中控制装置，遵循 IEC 61850 通信规约，实现整个微电网数据接入、监控、能量管理等，是微电网的控制核心。MCC–801 微电网集中控制装置对负荷测控装置、风机逆变器、储能双向控制装置、光伏逆变器、气象采集单元、并离网控制装置进行集中控制，并通过以太网与配网调度实现互动，如图 8.2–4 所示。

（7）微电网监控系统。微电网监控系统通过实时采集低压测控单元、分布式发电逆变器和并离网控制器的模拟量、开关量等信息，完成整个微电网运行工况的监视。

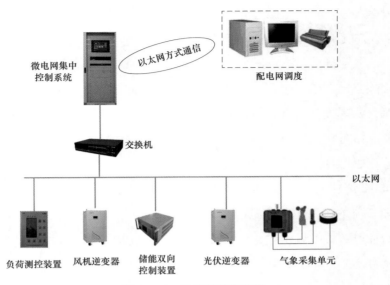

图 8.2-4 系统通信示意图

8.2.3 微电网能量管理系统

微电网能量管理系统是基于数据采集与监控（supervisory control and data acquisition，SCADA）基础之上的分析和计算，实现微电网实时统计和高级分析。其中，高级分析包括并离网自动切换、离网能量调度（自动维持微电网离网期间供用电的功率平衡）、储能充放电曲线控制、交换功率紧急控制（配网联合调度）等功能。

（1）交换功率紧急控制。在特殊情况（如发生地震、暴风雪、洪水等意外灾害情况）下，微电网可作为配电网的备用电源向大电网提供有效支撑，加速大电网的恢复供电。此时配电系统向微电网发出定交换功率紧急控制，微电网的 MGCC 按照给定的交换功率，协调控制分布式发电、储能和负荷来使交换功率与配电调度要求的交换功率一致。

（2）储能充放电功率曲线控制。在微电网并网运行中，根据负荷峰谷时段用电情况、光伏发电情况形成储能的预期充放电曲线，微电网能量管理系统根据该曲线实时控制储能的充放电状态以及充放电功率，实现微电网削峰填谷、平滑用电负荷和分布式电源出力的功能。

（3）并、离网切换控制。在接收到并、离网控制装置的并网信息，立即通知储能转为离网模式并启动储能；当收到并离网控制装置离网信息时，通知储能转变为并网模式。

（4）离网功率平衡控制。离网期间，实时监测整个系统发、用电情况，通过恢复被切除负荷的恢复供电、调整光伏和储能设备的出力情况，保证在离网期间最重要负荷供电的可靠性和供电质量，并保证各种发电设备、储能设备出力均在允许范围内。

在切除负荷时按负荷重要程度，先切除非重要的负荷再切除重要负荷，对分布式电源出力的调整，原则是优先保证可再生能源的最大出力发电，再通过储能设备充放电状态，最终达到微电网离网后供需平衡的目标。

（5）离转并自动恢复。当检测出微电网已经并网，逐步将已切除的分布式电源、负荷投入，将可再生能源调至最大出力，对已放电储能进行充电，恢复微电网正常的并网运行，为下一次的离网做好准备。

8.2.4 配电网调度

在微电网集中控制层配置远动装置，配电网调度自动化系统中接收微电网上传的公共连接点处的运行信息，根据配电网的经济运行分析，可以下发微电网的交换功率调节命令，从而使微电网整体成为配电网的一个可控单元。

配电网调度层在微电网并网运行时，下发调度命令使微电网以指定交换功率运行，辅助配电网实现削峰填谷、经济优化调度、故障快速恢复等工作。

8.3 微电网运行

8.3.1 微电网综合监控系统运行

微电网综合监控系统用以监控微电网电压、频率，微电网入口处电压、配电网上下功率，监视统计微电网总发电有功功率、储能状况、负荷状况等。图 8.3-1 和图 8.3-2 分别为微电网母线电压日运行曲线、微电网系统频率日运行曲线。

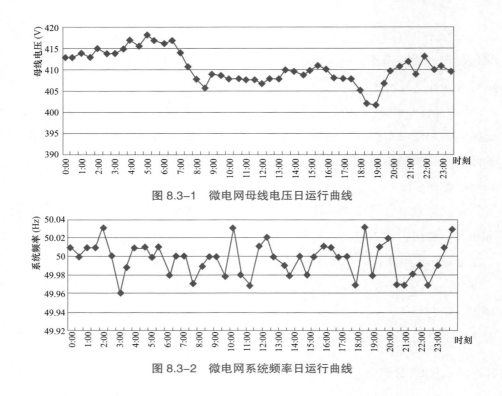

图 8.3-1　微电网母线电压日运行曲线

图 8.3-2　微电网系统频率日运行曲线

8.3.2　光伏发电运行

对于 4 台光伏逆变器，其中 3 台单台容量为 100kW 的逆变器输出功率可调，调节范围为 10%～100%，1 台单台容量为 50kW 的逆变器输出功率不可调。光伏逆变器的启动时间可调，为了避开离网运行时逆变器同时启动对储能 PCS 的冲击，4 台光伏逆变器采取错开启动措施。

微电网并网运行时光伏逆变器均以最大出力运行，离网运行时接受 MGCC 调节，以指定功率输出。图 8.3-3 所示为光伏发电运行监控画面，图 8.3-4 所示为单台容量为 100kW 的光伏逆变器日发电曲线，图 8.3-5 所示为并网时 380V 母线电压波形，图 8.3-6 所示为并网时 380V 母线电压频谱，电压谐波以 3、5、7、9 等奇次为主，总畸变率及各次谐波分量均在国家标准规定范围之内。

8.3.3　储能运行监控

并网运行时，储能变流器 PCS 以 P/Q 模式运行，接收微电网控制中心管理，

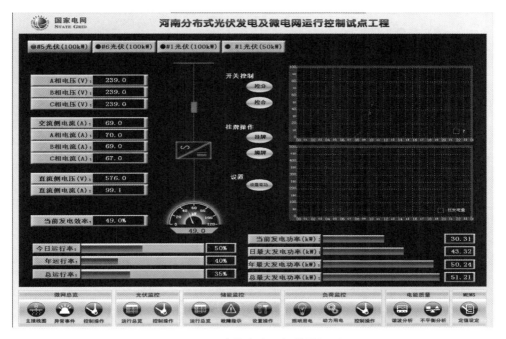

图 8.3-3　光伏发电运行监控画面

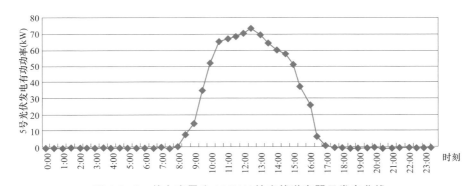

图 8.3-4　单台容量为 100kW 的光伏逆变器日发电曲线

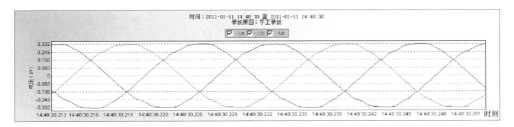

图 8.3-5　并网时 380V 母线电压波形

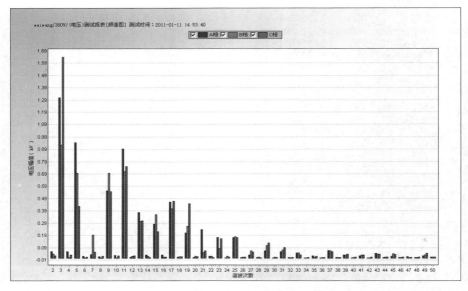

图 8.3-6　并网时 380V 母线电压频谱

调节出力；离网运行时，储能变流器 PCS 以 *U/f* 模式运行，以恒频恒压方式输出功率，作为微电网离网运行时的主电源。图 8.3-7 所示为储能运行监控画面。

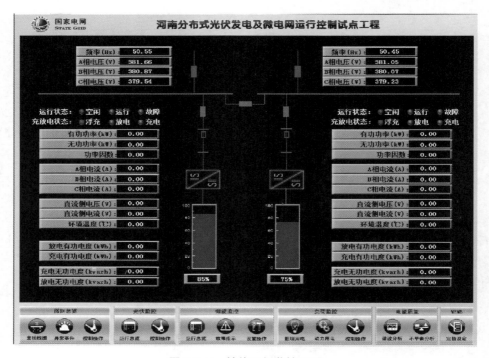

图 8.3-7　储能运行监控画面

8.4 微 电 网 试 验

8.4.1 并网转离网试验

试验目的：验证在大电网断电状态下，系统能自动切换到离网运行模式，并在离网运行模式下稳定运行。

试验方法：断开配电变压器 10kV 侧开关，模拟电网停电状态。

试验流程：并离网控制装置检测到电网断电，断开公共接入点（PCC）断路器，形成孤岛运行状态。同时给储能 PCS 和微电网控制系统发送离网信号，负荷控制装置切除非重要负荷。PCS 收到离网信号后进入离网运行 U/f 模式，微电网控制系统收到离网信号后立即进行并网转离网控制策略。

当微电网由并网状态切换到离网状态时，由于失去大电网支撑，主进线和非重要负荷断路器快速断开，微电网瞬间失电，光伏退出运行，储能经过一个从并网转离网的过程，在 5～10s 后进入离网运行模式，母线电压和系统频率恢复正常，因此离网后整个微电网经历一个短暂的停电时间进入离网运行模式。图 8.4-1 所示为并网转离网时 380V 母线电压波形，图 8.4-2 所示为并网转离网时储能 PCS 电流波形，图 8.4-3 所示为并网转离网时光伏逆变器电流波形，图 8.4-4 所示为并网转离网切换全过程电压趋势图。

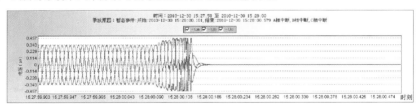

图 8.4-1　并网转离网时 380V 母线电压波形

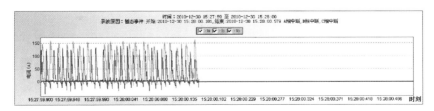

图 8.4-2　并网转离网时储能 PCS 电流波形

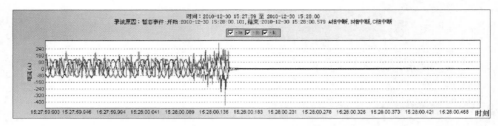

图 8.4-3　并网转离网时光伏逆变器电流波形

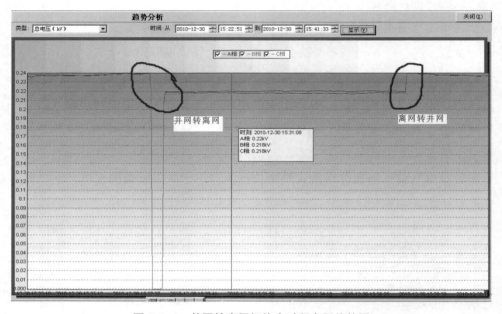

图 8.4-4　并网转离网切换全过程电压趋势图

8.4.2　离网运行试验

试验目的：验证离网状态下平稳运行，通过调节光伏发电的输出，控制光伏达到最优出力和储能容量的合理利用。

试验方法：断开配电变压器 10kV 侧开关，模拟电网停电状态，进入离网运行状态。

试验流程：在整个微电网离网运行过程中，储能以恒频、恒压方式输出，使低压母线电压保持在 380V，频率保持在 50Hz。微电网集中控制装置实时调节光伏发电、非主储能出力调节、负荷的启停等，实现微电网在离网运行下光伏尽可能以最大化出力、重要负荷较长时间的持续供电、储能电池不过充过放、尽可能保证次重要负荷的供电等目标。图 8.4–5 所示为微电网离网运行时 380V 母线电压波形，图 8.4–6 为微电网离网运行时 380V 母线电压频谱。

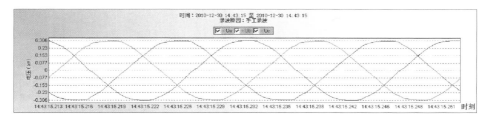

图 8.4–5 离网运行时 380V 母线电压波形

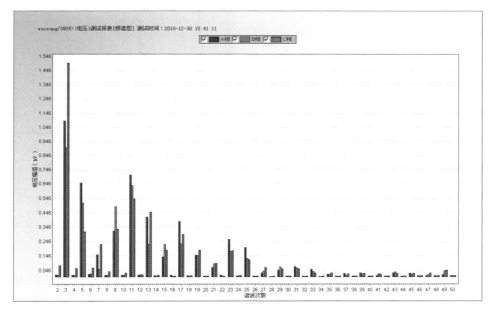

图 8.4–6 离网运行时 380V 母线电压频谱

8.4.3 离网转并网运行试验

试验目的：验证在电网恢复供电后，微电网能否由离网运行自动切换到并网运行。

测试方法：闭合配电变压器 10kV 侧开关，恢复电网供电。

试验流程：并离网控制装置检测配电网侧电压，当配电网侧电压与离网运行低压侧母线电压同期时，给储能 PCS 发送模式切换命令，储能停止 U/f 模式，同时并离网控制装置闭合 PCC 断路器，控制系统进入并网恢复控制策略。

图8.4-7所示为离网转并网时380V母线电压波形，图8.4-8为离网转并网时PCS电流波形，图8.4-9为离网转并网时光伏逆变器输出电流波形。当微电网由离网状态转入并网状态时，380V母线电压瞬间跌落后立即恢复正常，光伏逆变器实现了低电压穿越，保证了光伏不间断发电，同时储能系统在扰动后也恢复正常工作，实现了微电网系统由离网到并网的平滑切换，离网到并网电压趋势图类似于图8.4-4所示的并网转离网切换全过程。

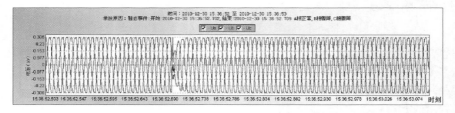

图8.4-7 离网转并网时380V母线电压波形

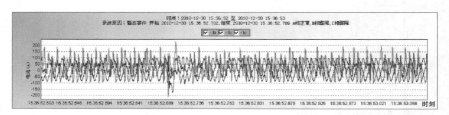

图8.4-8 离网转并网时PCS电流波形

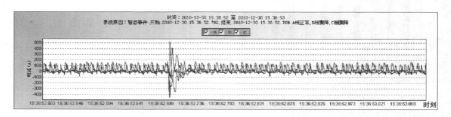

图8.4-9 离网转并网时光伏逆变器输出电流波形

8.4.4 并网恢复试验

测试目的：电网并网后是否恢复为并网的正常运行模式。

试验流程：当系统恢复到并网运行模式下，微电网集中控制装置恢复离网时被切除的非重要负荷供电，恢复被限制出力的光伏逆变器使其以最大化出力发电，并自动为储能充电，为下一次控制做准备。图8.4-10所示为并网恢复策

200

略执行图。

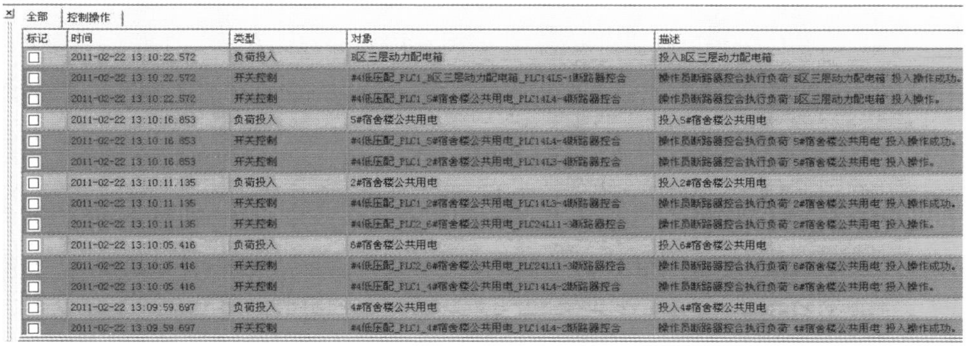

全部 | 控制操作

标记	时间	类型	对象	描述
□	2011-02-22 13:10:22.572	负荷投入	B区三层动力配电箱	投入B区三层动力配电箱
□	2011-02-22 13:10:22.572	开关控制	#4低压配_PLC1_B区三层动力配电箱_PLC14L5-1断路器控合	操作员断路器控合执行负荷'B区三层动力配电箱'投入操作成功。
□	2011-02-22 13:10:22.572	开关控制	#4低压配_PLC1_5#宿舍楼公共用电_PLC14L4-4断路器控合	操作员断路器控合执行负荷'B区三层动力配电箱'投入操作。
□	2011-02-22 13:10:16.853	负荷投入	5#宿舍楼公共用电	投入5#宿舍楼公共用电
□	2011-02-22 13:10:16.853	开关控制	#4低压配_PLC1_5#宿舍楼公共用电_PLC14L4-4断路器控合	操作员断路器控合执行负荷'5#宿舍楼公共用电'投入操作成功。
□	2011-02-22 13:10:16.853	开关控制	#4低压配_PLC1_2#宿舍楼公共用电_PLC14L3-4断路器控合	操作员断路器控合执行负荷'5#宿舍楼公共用电'投入操作。
□	2011-02-22 13:10:11.135	负荷投入	2#宿舍楼公共用电	投入2#宿舍楼公共用电
□	2011-02-22 13:10:11.135	开关控制	#4低压配_PLC1_2#宿舍楼公共用电_PLC14L3-4断路器控合	操作员断路器控合执行负荷'2#宿舍楼公共用电'投入操作成功。
□	2011-02-22 13:10:11.135	开关控制	#4低压配_PLC2_6#宿舍楼公共用电_PLC24L11-3断路器控合	操作员断路器控合执行负荷'2#宿舍楼公共用电'投入操作。
□	2011-02-22 13:10:05.416	负荷投入	6#宿舍楼公共用电	投入6#宿舍楼公共用电
□	2011-02-22 13:10:05.416	开关控制	#4低压配_PLC2_6#宿舍楼公共用电_PLC24L11-3断路器控合	操作员断路器控合执行负荷'6#宿舍楼公共用电'投入操作成功。
□	2011-02-22 13:10:05.416	开关控制	#4低压配_PLC1_4#宿舍楼公共用电_PLC14L4-2断路器控合	操作员断路器控合执行负荷'6#宿舍楼公共用电'投入操作。
□	2011-02-22 13:09:59.697	负荷投入	4#宿舍楼公共用电	投入4#宿舍楼公共用电
□	2011-02-22 13:09:59.697	开关控制	#4低压配_PLC1_4#宿舍楼公共用电_PLC14L4-2断路器控合	操作员断路器控合执行负荷'4#宿舍楼公共用电'投入操作成功。

图 8.4-10　并网恢复策略执行图

8.4.5　储能充放电控制

测试目的：储能可以根据需要实现充放电管理，在负荷用电高峰期，设置储能自动放电，在负荷用电低谷，设置储能自动充电，实现储能系统对电网的削峰填谷，改善电网的运行环境。

试验流程：根据系统用电高峰时间和用电低谷时间，设置各个时间段的储能充放电功率，形成充放电功率曲线，控制系统会自动根据充放电曲线实时控制储能的出力。

8.4.6　交换功率控制

测试目的：微电网系统对上级交换功率调度的响应。

测试方法：手动设置调度数值，模拟上级调度命令。

试验流程：设置输出目标功率，系统自动调节光伏、储能，甚至可通过暂时切除不重要负荷（紧急控制时），使实际交换功率尽量靠近调度要求的交换功率，实现微电网对配电网的支撑。

参 考 文 献

[1] 李富生，李瑞生，周逢权. 微电网技术及工程应用. 北京：中国电力出版社，2013.

[2] 李瑞生. 微电网关键技术实践及实验. 电力系统保护与控制，2013，41（2）.

[3] 丁伯剑，郑秀玉，周逢权，等. 微电网多能互补电源容量配置方法研究. 电力系统保护与控制，2013，41（16）.

[4] 王成山，周越. 微电网示范工程综述. 供用电，2015，（1）.

[5] 张建华，黄伟. 微电网运行与控制技术. 北京：中国电力出版社，2010.

[6] 吴素农、范瑞祥等. 分布式电源运行与控制. 中国电力出版社，2012.

[7] 徐青山. 分布式发电与微电网技术. 北京：人民邮电出版社，2011.

[8] 李英姿. 太阳能光伏并网发电系统设计与应用. 北京：机械工业出版社，2014.

[9] 李钟实. 太阳能光伏发电系统设计施工与应用. 北京：民邮电出版社，2012.